祈禱，就是接收宇宙能量

★ 打破宗教之別，讓好事發生，四十三篇能量祈禱文，
與上天連結，突破人生困境、召喚好姻緣、諸事順利

GEBETE ANS UNIVERSUM

Wie wir Hilfe für die wirklich wichtigen
Dinge im Leben erhalten

Manfred Mohr

曼弗瑞德．摩爾——著

黃慧珍——譯

目錄

導讀

無論人祈禱什麼，
都不過想求個奇蹟。

——伊凡・塞吉耶維奇・屠格涅夫／俄國現實主義小說家
（Иван Сергеевич Тургенев，一八一八～一八八三）

曾經向宇宙下過訂單的人，早晚都會得到一個結論：帶有愛和感恩之心的願望，最容易實現。因為唯有透過發自內心的愛，才能夠跨越橫在自我和宇宙之間的那條鴻溝。對我來說，這也等同宣告，只有當我發現內心的愛，內在最重要的那部分才會為我運作起來。因為存在我內心的愛，就是我與造物主的聯繫管道。一旦脫離自身的這個本質，就某種程度來說，也將自己排除在自己的宇宙之外。就如同，「人的內心狀態如何，他呈現出來的也是那個樣子。」這句話所要說的一樣。只有覺察自我內在的愛、我與宇宙之間的愛，以及環繞在我周圍的愛，連結才會開啟。而為了覺察所有的愛，就必須先愛自己。

如此一來，愛就形成了一個圓。這個圓起源於《向宇宙下訂單》（*Bestellungen beim Universum*），同時也是這個圓引導我藉由《祈禱，就是接受宇宙能量》（*Gebete ans Universum*）這本書進行祈禱。早在這一系列最初的兩本書中，我就提過「下訂單」（*Bestellen*）與「祈禱」（Beten）兩者之間的相似處。在本書中，我將兩者結合在一起。於是，我們看到另一種美好特質：「愛。」兩者既融合在一起，又似乎彼此分離。

這系列的第一本書是《訂單沒來》（*Bestellung nicht angekommen*），當時我主要探討祈願的時候，內在態度的重要性。無論我們祈願或是羅列願望清單的技巧如何高超、老練，最終與宇宙建立連結的，只有我們自己。這個連結建立在我們的內心是否與愛一致的基礎上。如果我們的內心拒絕它，便會形成嚴重的阻礙。因為「拒絕」就像在不知不覺中下訂單，那就是為什麼有時我們會得到不想要的結果，因為我們在內心表現了「拒絕」。

這系列的第二本書是《感謝送來的一切》（*Danke für die Lieferung*），我在這本書延續了這條脈絡，並且寫到如何克服這些排拒感。當我們不在愛裡的時候，阻礙我們達成願望的，有時是我們自己。《感謝送來的一切》探討了「接受」這股力量的本質，「接受」剛好是「拒絕」的反義詞。只有我們能夠真正「接受」，宇宙才會給予我們改變的力量。也只有在那裡，我們訂單的種子才會落在肥美的土地上。「接受」在本質上就是「愛」的另一種說法；「愛」又是宇宙最強大的力量。倘若我們堅持拒絕的態度，那麼這股宇宙的生命能量不是消失的無影無蹤，就是提供非常有限的能量。如此一來，我們和宇宙的連結就無法建立起來。

「祈禱的本質就是愛。」這樣的概念在《向宇宙下訂單》中隱藏了，但是在祈禱的過程，讓它愈見清晰。利修的聖德蘭修女（Thérèse von Lisieux，一八七三～一八九七）說過類似的話：「祈禱，並不是說很多話，而是有很多愛。」

如果我們向宇宙下的訂單實現了，如果我們完全沉浸在愛裡，那就是宇宙用這種方式讓我們知道，生命的意義就是愛。如果我們由愛出發祈願，那麼我們所祈的願望，也會成為宇宙的希望。因為愛能克服我們和宇宙之間的距離。

無論我們在生命中做過什麼，或打算做些什麼，最終的關鍵就是我們用多少愛去做這些事。二〇一六年秋季，被天主教會封為聖人的德蕾莎修女（Mutter Teresa，一九一〇～一九九七），生前不斷地提及愛的重要性。她認為，並非所有人都能成就大事，但是我們都能做到幾件小事，並且可以帶著許多愛去完成這些小事。因此，祈禱格外地重要。在祈禱的過程中，我們與宇宙有了直接的連結，讓我們得以與愛產生聯繫。

十五世紀時，天主教本篤會卡斯特勒修道院①的約翰修士（Johannes von Kastl）據傳曾經表示：「愛是上帝對待人的方式，也是人通往上帝的道路。」正如同愛指引我們找到伴侶，那麼愛也會繼續引領我們面對生命中的一切。「愛」，可以不斷地強化我們和宇宙的連結，直到奉行上天的旨意成為我們的生命任務。以「愛」行事的人，最終會與他的宇宙產生聯繫，而祈禱，就是我們人類自古以來達到這個目的的

譯注① 位於今日德國巴伐利亞邦東北部。

方法。

而且我們肯定還會繼續這麼做。如果這條道路正是目的所在，但願它很快地就會引領我們，到它想指引我們到達的地方——那就是「愛」。

接下來，我要介紹我為什麼祈禱，以及如何祈禱。我會介紹幾段我最喜愛的文字，我稱這些文字為「心靈祈禱文」（Herzgebete）。另外，我也要以新的觀點來解讀基督教的〈主導文〉，或稱〈天主經〉。以及當我們在生命中面臨各種困境時，撫慰我們心靈的祈禱文。我介紹的這些祈禱文，主要圍繞著四個主題，這四個主題幾乎是每個人生命中都可能遇見的人生課題：伴侶關係、家庭、工作和失去。

每章的最後，我會放上一首短詩。對我來說，以詩的形式來擬訂我的祈禱文幾乎是順理成章。我祝願，也為此祈禱，希望為你帶來勇氣，重新發現祈禱的美好。

曼弗雷德・摩兒

識得愛是幸福，
分享愛是快樂，
給人祝福的愛是滿足，
讓愛滋長，那就是……你的祕密。
願所有人都能發現愛；
願所有人都能分享愛；
願所有人都能以愛為人祝福；
願所有人都能發現自己的祕密，
並成為有愛的人。

第一章

用心祈禱

願意祈禱的人，會在心中
打造一座小教堂。

——德語古諺

老實說，從來沒人真正告訴過我該如何祈禱，也許你也是這樣吧。許多不同的宗教，雖然都很重視祈禱這件事，但對於如何精確的「進行」，卻是眾說紛紜。本書與《向宇宙下訂單》類似，相較於形式上的技巧，在此要介紹的是，你在面對世界與你的信仰，如何在內心自我調適。所以在第一章，我想先介紹我自己祈禱的方法，**請把這部分看做是我個人拋磚引玉的邀請**。你可以發展出適合自己的方法，重要的是面對自己的內心，因為愛就住在那裡，所以在那裡我們可以與愛產生連結，打開通往宇宙的那扇門。

通常我會選一個特定的時段。我個人經驗是，剛起床的早晨時段是最好的時間。有時候我也會在睡前進行祈禱。這兩個時段其實都有共同點，這時，我的內心大抵是平靜的，而且在某種程度上思緒處於比較沉澱的狀態。

為了祈禱，我在家中安置了一座小聖壇，並在小聖壇點上蠟燭。祈禱時，我會坐在聖壇前的冥想坐墊上，閉上眼睛，讓自己專注在心上。我以聖壇和冥想坐墊在形式上為祈禱做好了準備，我就開始調適我的心靈。稍後我會更深入介紹，在這方面你可以為你自己做的事。

這時，我會依當下的情境與感受在內心默唸一段文字。我挑選了幾篇這類的心靈祈禱文，特別收錄在第三章中。做完上述的準備工作之後，如果我覺得自己已經進入平靜的狀態，我就開始誦讀最符合當下心境的祈禱文。多數時候，我讓自己隨當下的心意引導。我最常為我的孩子們和伴侶祈禱，我也為朋友和親人的健康祈禱，或者和時事有關，比如：為難民祈禱、希望當前局勢能出現解決方案。在後面幾個章節中，我會陸續分享範例。

最後，我會以感恩祈禱結束這個儀式，感謝當下生命中所擁有的平順與美好。然後帶著這份感恩之心，開始我一天的行程。如此一來，我的心中就充滿了喜樂，也很有衝勁。

如果你開始祈禱，並且想將祈禱融入你的生活，不妨就讓祈禱變成生活中的小儀式。這部分包含，首先為祈禱找出一個固定的時間點。如果你是晚起的人，或許深夜時段比較適合做為固定的祈禱時間。如果你像我一樣比較早睡，那麼晨間祈禱就是不錯的選擇。還有，一開始不要要求太嚴格，畢竟祈禱應該帶來喜樂，應該是你能力所及的範圍內能做到的事。以我個人為例，我的雙胞胎孩子剛出生的第一年，我幾乎無法規律的進行祈禱和冥想。徹夜無法成眠的夜晚，我就把祈禱推延到隔日白天，或者那天乾脆就不祈禱了。總之，千萬別強求一定要祈禱，讓自己自在些，就依照自身的情況彈性為之吧！

以祈禱展開你一天的生活

現在，在你的房間裡找一個你認為適合祈禱的角落。以我而言，我已經習慣坐在我的坐墊上祈禱了，但是你也可以坐在椅子或沙發上。我的聖壇是一張小桌子，上面擺放了天使和聖像。你也可以在地板上鋪張毯子，然後找些圖片或任何適合的東西，來裝飾你要進行祈禱的地方。比如：蠟燭。我覺得祈禱時有一縷燭光是很合宜的氛圍。你喜歡香氣的話，也可以點薰香蠟燭，或者使用香氛。這方面只要發揮一點創意就夠了。如果你覺得音樂有幫助的話，也可以放點音樂，讓輕柔的樂音流淌在祈禱的空間作為背景。總之，就是用讓你覺得愉快、舒心的方式來布置。

在我的小聖壇後方，掛了一幅頗大張的達賴喇嘛像。那張照片是二〇世紀、九〇年代末期，達賴喇嘛在德國北部的呂納貝格海德地區（Lüneburger Heide），參加一場大型活動時拍下的，當時何其有幸我也參與了那場盛會。每當看到這張特別的照片，就會讓我回想起當時現場盛大隆重的氣氛。因此對我來說，這張照片很適合擺在我的聖壇。你也肯定有某張照片或某個回憶，對你來說特別有意義，就可以跟我一樣，用來布置你的聖壇。

當你選定的祈禱時刻來臨，點上蠟燭，然後依你的喜好安置妥適，接著坐在你的聖壇位置上。為了和你的心取得聯繫，盡可能選用你熟悉的方式，比如：觀想心輪，或是傾聽自己心跳。我個人通常把手放在胸前中間的部位，靜靜地感受一股緩緩湧上來的溫暖。除此之外，沒有再多做些什麼了。

為了和這個神造的世界有所連結，我還會頌讀一篇符合當下心境的祈禱文。這時我大多會頌讀〈天主經〉，或是我在接下來的章節中會介紹到心靈祈禱文。這部分請你隨心選用適合自己的祈禱文就可以了，既可以是基督信仰的文句，或是佛教信仰的真言。

現在，你可以對你當下想要、特別關注的事物，說出自己的祈禱文。說不定在這樣一次又一次複誦特定祈禱文的小小儀式中，發現讓你感到喜樂的地方。我最常為孩子們祈禱。在第十章中，當我們談論到「家庭」這個議題，我會再介紹幾篇相關的祈禱文。

親愛的宇宙，
求祢護庇我的孩子，
並關照他們。

最後，我感謝上天為我安排的一切美好事物。你可以簡短地提一下，所有在你生命中值得感謝的事物，無論是你的家人、你的房子、你的工作、你的汽車、對你友好的朋友和同事，或你的健康。把你心中所有你想到的、值得感謝的人事物，都感謝過一遍。當然你也可以找個時間，一次把這些你打心底感謝的事物都列出來。這類的祈禱文看起來類似下面這篇範例：

親愛的宇宙，

感謝您在我生命中安排了許多幸福美好的時刻與機緣巧遇。

感謝您賜予的伴侶；

感謝您賜予我這個家。

感謝您讓我有房子住、有個可以遮風避雨的地方。

感謝您讓我有工作、和善的同事，

感謝您，允許我在那裡掙得金錢。

感謝您讓我有這些朋友和良好的生活環境。

感謝您讓我如此堅強、有活力。

在我進行感恩祈禱的末尾，我還會感謝所有幫助我完成祈禱的天使與靈，我也祝福祂們一切安好，並把祂們放進我祈禱的內容中。

週日的晨間祈禱有一個例外，因為大部分的人會睡久一點，所以這天的清晨通常特別寧靜祥和，因此週日早上我醒來後，祈禱和冥想的時間就會比其他日子還要長一些。或許你也發現了這點。假若你也決定像我一樣在晨間祈禱，就可以在晨間祈禱時，把即將展開的一天稍微做點安排。當然，你會有屬於自己的祈禱文，但是我仍然列舉了幾個範例。前兩段來自於民間傳說，第三段則是出自馬丁・路德（Martin Luther，一四八三～一五四六）：

奉神之名我起床了；

主耶穌基督，請引領我前行；

願祢與我常在，

求祢在各方面守護我。

阿們。

一夜好眠後醒來何其喜樂。
我在天上的父，感謝祢與我同在。
也請祢保守我的這一天，
使我免於凶惡。
阿們。

感謝祢，我在天上的父，
祢讓耶穌基督，祢的兒子在夜裡守護我，
讓我免於災禍，
我將行祢所好，
求祢在這天繼續護佑我遠離所有的罪惡。
願我的身與靈與所有
都交付在祢手上。

願祢聖潔的天使與我同在。

阿們。

除了每天一次固定的祈禱儀式，我個人也極力推薦，另找機會進行祈禱。比如：等電車、在巴士站等公車到來前，我也會進行祈禱，甚至坐車期間也會祈禱。我個人認為散步是一個很好的冥想時機，所以有時也會在散步中進行祈禱。對我來說，整個大自然就像一座天然的廟宇。有時我會在一棵美好的樹前祈禱，有時在湖邊或在山前。度假時特別有這些好機會，讓我可以完全在海邊放鬆祈禱。總之，總會有好多可以祈禱的時機，特別是意外的時刻，如果「我」暫停「運作」，不用做什麼事，卻有靈感，就很適合祈禱。所以，為什麼不在上班途中的車陣裡祈禱呢？這麼做，肯定比塞車而暴跳如雷來得有意義吧？

零碎時間，也是進行祈禱的好時機

你可能會問這是什麼意思？這樣每天祈禱到底有什麼意義？接下來我會陸續說明，為什麼每天祈禱對我有益。因為和這個世界有好的連結，可以在多方面為我帶來積極的效用：

- 祈禱時極度放鬆，有平緩心跳和血液循環的作用。研究結果指出，受到壓力、精神長期處於緊張狀態的患者，如果有計畫的學習放鬆技巧，只需要比之前更少的藥物就能平靜下來。本書介紹的祈禱就是其中一種方式。
- 據統計，長期生活在修道院的修女，壽命比女性平均值高出百分之二十六，而祈禱正是這些修女日常生活中主要的活動之一。
- 現代專門研究幸福的專家學者也發現，那些自認為幸福的人通常信仰更虔誠，而這裡所說的信仰，不一定和宗教有關，或者反過來說，就算信仰帶有宗教意義，也是無害的。
- 除了上述幾項，人在祈禱時，祈禱這件事通常帶有特定的目的性。往往就在祈禱之中，向上天說出祈願，尋求協助或支持，心理的壓力也會獲得紓解。或許從我們自身的經驗，或從其他人轉述經驗中得知，上天會聽到我們的祈禱。因此，我前文提到的達賴喇嘛，他在逃離圖博時，曾經祈禱讓他平安抵達喜馬拉雅山的另一側。當時，他就在祈禱時預見自己平安抵達，並且真的就在那裡安頓了下來。

關於祈禱的直接作用，我想舉一個在我進行諮商治療的過程中，遇過的真實經歷。不久前我受託照顧一隻狗，那段期間來了一位女性患者到我家進行諮商療程。（當然我們的諮商輔導是坐在診療椅上，不然還會在哪裡呢？）諮商開始時，那隻狗就像一般狗狗那樣趴在角落，離我進行諮商的地方頗近，但是狗狗瞇著眼睡著了，一副不受干擾的樣子。當患者開始進行祈禱，閉上雙眼、嘗試和她的心產生連結時，狗狗卻突然很有精神地醒來了。狗狗先是看向那位患者，接著輕步走向她，靠近她約半米處就停住、坐了下來，接下來幾分鐘的時間裡，就只是盯著她看。顯然連狗狗也感受到她敞開自己的心靈了。後來，我請那位患者睜開雙眼時，她忍不住笑出聲來，因為她從來沒有被狗那麼專注盯著啊！

當我們祈禱和自己的心產生連結，我們的周遭也會直接回應我們。以研究語言，和祈禱對水的影響而聞名的日本作家江本勝（Masuro Emoto[1]①，一九四三～二〇一四），曾在一場演講中提過，一個小孩對向日葵說話，影響了向日葵生長的例子。小孩有兩株向日葵，他對其中一株說：「謝謝。」對另一株喊：「笨蛋！」連續幾個星期，只要孩子經過這兩株向日葵就個別重複同樣的話。直到有一天，他把這兩株植物從花盆裡挖出來，看它們根部的生長狀況，結果那株總是被罵「笨蛋」的向日葵，果然根部長得稀疏。至於那株一直被感謝的向日葵，它的根就長得茂密又強健。

如此看來，即使一開始可能無法察覺，但是良善的思維和祈禱，的確會對我們的周遭環境產生影響。在祈禱的過程中，可以將我生命中不足，或者還能做得更好的想法迎接到心裡。有時也像達賴喇嘛預視他那段旅程的目的地一樣，我在禱告時也有某些預感，接著就真的在生活中發生了。比如：我祈禱找到工作，接著這個想法經由我

編注① 本書標注 *1 2 3* 數字者為參考書目，詳參271頁起。

的心靈發揮作用，不久，果然就出現工作機會了。

如同本章一開始提到的德國古諺，我們都應該為了祈禱在心裡築起自己的小教堂，也就是努力營造一方可以讓我們祈禱的空間。而心就是我們身體裡，可以讓我們和愛有所連結的那個地方。另外，讓祈禱能夠有效發揮作用的那股力量，就是愛，這也是為什麼專注於「心」，如此重要的緣故。

聖經中不斷地點出「神即是愛」這個觀點。其中，耶穌以「變成人類的神」的姿態出現，更是愛的象徵。在基督教傳統中，耶穌成為上帝具體化的形象，強調了人與神之間的親子關係：我們人類都是上帝的愛子。所以，所有發生在我們身上的事，都反映了上帝的愛——即便我們無法，或者還無法理解。

聖女希爾德格（Hildegard von Bingen，一〇九八～一一七九）這麼說：

從地底深淵到高懸的星辰，
宇宙間無處不充滿了愛，
祂把愛傾注給萬事萬物，

因為祂是帶來和平之吻的最崇高的王。

在祈禱中，經由我們的心找到這份愛。如果我們祈禱時又把其他人包含進去，就是讓愛在我們心中發揮作用。因此這種形式的祈禱，等同於愛的另一種表現。所以我們祈禱也會特別提到身邊的人、我們愛的人，並為他們代禱。

祈禱時，我的心就是通往愛的管道

我在祈禱時，完完全全隨著心意走，這樣我才能夠進入愛所在的空間，然後發現愛就在那裡等著。我進入這個空間時，我會讓愛隨著我的心之所嚮，在那裡到處流淌。我只為愛服務，給愛自由，讓它在那裡，依著它認為對的方向前進。

每當我的內心與愛的源頭連結，祈禱就更有效果。而這個愛與萬物的起源，就是這個世界本身。上天造這個世界既是出於愛，也透過愛發揮祂的影響力，因為上天想要讓人經由這份愛去體驗與發現，並且瞭解到，祂就是一切。

如此一來，祈禱也是頌揚上天／宇宙的恩德。下一章中，我們將探討〈天主經〉，我們會看到這篇基督教的主禱文，提到為了造福人類與全世界，讓愛流淌的說法。

這裡我們講到一個重點：我們拒絕接受時，就脫離愛了。我愈是拒絕、咒罵世界和其他人的同時，我就是在譴責自己，這時我已經讓自己離愛愈來愈遠了。拒絕，是我將自己排除在愛與上天之外，讓自己不快樂，還不斷地外求幸福，也就不是什麼奇怪的事了。幸福，可以在愛裡找到，並且與萬物有所連結，就是：與自己、與他人，還有上天有所連結。

所以愛是操之在我的決定，經由我的自由意志，敞開心去愛。愛也不是自動發生的持久永恆狀態。這就好比我澆花，是因為我愛它，所以在澆花時也會有意識地獻出愛，情同此理，也可推及伴侶；而我和上天的關係也需要受到呵護，那麼祈禱就是我與上天維持關係的一種方式。

我在《訂單沒來》這本書中曾經寫到，當我愛所有人，我也是愛著自己的全部；當我拒絕他人的陰影，其實那就是我自己的陰影，所以我拒絕別人就是拒絕自己。為了讓人生完整，我就要學習如何去愛。愛，可以讓我們越過他人的陰影，找到自己。如果我接受別人的一切，同時也是接受自己。達到這個境界的當下，無論是他人、自己和我的宇宙，也會在美好的狀態。

因此，學習愛，最終也意味著以另一種形式接受他人，這些他人可能是行事不公正的上司、愛挑剔的鄰居；或是愚蠢的同事、不夠愛我的伴侶、小時候不夠愛我的父母等等。經由祈禱，我將愛及於這些人。我也要愛我的問題，那麼問題自然會迎刃而解。經由祈禱可以改善各種關係，其中也包含我與宇宙的關係。

〈愛的國度〉

愛的陽光照耀喜樂，
愛總是充滿良善，
給予時，我會跟隨
守護我的那顆星星。

我的星星閃耀在謙卑與幸福之間，
在世間綻放它的光芒。
付出的似乎總會有所返回，
讓我的心靈得以平靜。

我在給予中發現珍寶，

那是充滿歡樂、寬容與慷慨的珍寶，
充滿我如過眼雲煙的軀殼裡，
使我心欲裂，因為心再也沒有多餘的空間。

因為財富源於情感，
付出可以為窮人帶來愛，
人情溫暖可以消融算計之心，
憐憫可以柔軟自利之心。

付出可以堅定我的內心，
讓我重新看到上天賜予的禮物。
幸福猶如心中的一面鏡子，
唯有在那裡我才能凝視自己。

所以，盡情滋長吧！心中的歡樂啊！
在每個可以分享安和與付出的心中。
可以療癒自身的傷痛，
唯有如此靈魂才得以歷練。
汲汲營營只會讓靈魂死亡，
心與眼也都會閉鎖起來。
貧困交迫，
會侵蝕內心的幸福。
如此一來，愛才會豐盈，
因為愛是充滿內心的珍寶。
當靈魂開始分享，
宇宙的門就會打開。

第二章

我們的宇宙

全能的父，請賜予我們恩典，
讓我們的禱告得蒙應允。

——珍・奧斯汀／英國小說家
（Jane Austen，一七七五～一八一七）

現今時代與過往大所不同。比如，佛教等一些東方的智慧，也在西方國家廣為流傳，為西方人士帶來新的世界觀。不同的文化間也在許多層面上產生關連、相輔相成。對我來說，我從〈天主經〉這篇最古老，或許是最傳統的西方祈禱文中得到新的體悟，這也是文化交流之後的結果。對於那些想知道耶穌如何誦讀這篇祈禱文的人，現在終於有答案了。

〈天主經〉是基督教傳統的主禱文。全世界二十多億基督徒都在背誦，可說是地位最崇高的一篇祈禱文。幾乎所有的教友都知道，就算到了今日，肯定還有很多人會定期誦讀。

我注意到，每當我在談話或研討課程中提到〈天主經〉，特別容易引起年長者的關注。如同其他祈禱文，在〈天主經〉幾十年的陪伴下，這些長者已經習慣了這篇經文，也從中得到安慰與喜樂。我認為這樣很好。我甚至不得不承認，對於這樣的信任與熟悉感我還真有點忌妒，在我過去的人生中，我總是不斷地尋找真正「屬於我」，能讓我感受到與上天有所連結的祈禱文。我相信在尋求的路上，我應該不孤單，肯定有很多人也做著和我一樣的事。

在找到「屬於我」的祈禱文之前，我有幾十年時間遠離了基督教徒的生活。我曾經在杜賽爾道夫（Düsseldorf）附近，一個以韓國人為主的佛教禪修場[2]所背誦佛經，並以各種不同方式進行冥想。我認真研習了榮格①的作品，從中學到一些心理學、占星術和命理學方面的技巧。我分別鑽研了猶太教和伊斯蘭教的神祕學（Kabbala und Sufismus），也為基督教、佛教和其他信仰，都能各得其所，相互包容而感動不已，即使不同宗教賦予不同的稱號，最終就只有一個神。

今日的我可以說，我在心深處和所有人都有連結，因為我的心相信有更高的主宰存在，而且我願意向祂祈禱——無論這個更高的主宰，被稱為耶和華、阿拉、神，或是曼尼圖（Manitu）②。

譯注①Carl Gustav Jung，一八七五～一九六一，瑞士心理學家。
②北美原住民族的神靈。

世界上唯有一個神，只是不同的宗教給了祂不同的稱號

共同的信仰和追尋神的足跡，必定會讓心與心產生連結。這樣的連結，總是以不可思議的方式，將頻率相同的人帶到我面前來。以下我舉個例子。

二〇一五年底，「讓愛延續」（Liebe leben）大會在德國中西部黑森邦的柯尼希斯坦（Königstein）鎮上舉行，我的好友狄特・波羅斯（Dieter Broers）在大會上接受「心靈獎」（Mind Award）表揚。那次的授獎頌詞[3]，當時由一位我還不認識的人主講，他的演說內容深深感動了我，所以在他演說結束下臺後，我走過去向他致意，然後就聊了起來。那次的對話情意深切而且很意義，竟然意外地聊了幾個小時之久，不只雙方盡興，也讓我們同感對方是知音。那位先生就是在德國薔薇十字會（Stiftung Rosenkreuz）擔任領導者的袞特・弗黎德里希（Gunter Friedrich）。當時將我們聯繫在一起的信念，是我們都相信世界上有更高的主宰存在這件事。如此不斷在心靈深交的相遇中感受到上天的祝福，是一件多美好的事！

時至今日，我幾乎可以說，沒有哪個宗教對我是陌生的了。我的心總會指引我找

到，那些以自己的方式尋求，並找到信仰的人，我和這些人都有共同的語言。就算在某些用詞上有所不同，但是我們都清楚，我們講的是同一件事：無論是談到信仰、祈禱，或是各自的信仰。

因此，我用了幾十年的熱情尋找和鑽研，目的只為了找到祈禱的方式，也可以說，是為了找到我的信仰。由於我不斷地改變，不斷地有新的體悟，〈天主經〉的經文中呈現出來的基督教信仰的樣貌，對我來說已大不同。如果我對信仰的追尋是從九歲那年，第一次參加團契中學到〈天主經〉開始，那麼直到寫下這本書，這條追尋信仰的道路就剛好畫成了一個圓，即使期間我也曾短暫駐足、流連於其他宗教信仰，但最終我還是回到我們天父的懷抱。只是，今天的我會以全然不同的方式來解讀〈天主經〉。這段追尋信仰的長征旅途，終於找到了目的地。

這裡我想談談〈天主經〉最初的版本：阿拉姆語版，據傳這應該是耶穌基督在人間傳教時使用的版本。接下來，我們將會看到當時的祈禱文翻譯，和今日我們讀到的頗有差異。

以下我要介紹宗教學者與心靈導師涅爾・道格拉斯—克羅茲（Neil Douglas-Klotz）重新詮釋的〈天主經〉[4]。這篇文章最初是為那些，像我一樣面對〈天主經〉不得其門而入的人所寫的。每當我在合適的場合提到阿拉姆語版本的〈天主經〉時，總有許多聽眾為這古老的語言感動不已。有些朋友再見面時，甚至要我為他們再講一次這個主題。由於我們對〈天主經〉的經文內容都很熟悉，所以根本不需要聽懂這個語言。但是這個古老的語言仍觸及我們的內心深處、和那些我們靈魂已知的內容，以及與我們內心深處不為人知的渴望，產生共鳴。

此外，我想為〈天主經〉提出新的解讀，也為了那些眾所皆知的版本感到滿足的人。對於這些人，我無意「剝奪」他們既有的認知。相反的，在我用了那麼長時間才確定自己的信仰之後，我為這些人在祈禱中得到「寶藏」感到高興。但是我仍希望這些人有機會用另一種角度重新認識〈天主經〉，這篇他們珍愛、非常熟悉的祈禱文。或許有些熟習〈天主經〉的人，會在深入探討其中奧祕的過程中，獲得不同的喜樂。

以下，我列出大家都很熟悉的〈天主經〉。請大家再一次、當然也可以多次默禱。不用著急，給自己一點時間，去感受這些字句、體會字句間的內容涵意。

我們在天上的父：
願人都尊祢的名為聖。
願祢的國降臨；
願祢的旨意行在地上，
如同行在天上。
我們日用的飲食，今日賜給我們。
免我們的債，如同我們免了人的債。
不叫我們遇見試探；救我們脫離兇惡。
因為國度、權柄、榮耀，全是祢的，直到永遠。
阿們！③

——《路加福音》十一：二；《馬太福音》六：五④

譯注③此處對應德文經文內容，採用《和合本聖經》譯文。天主教依據《天主教教理》第二七五九條的白話文版，以及《思高聖經》，兩個譯本的內容少了一句：「因為國度、權柄、榮耀，全是祢的，直到永遠。」

④本書中的中文聖經或相關經文翻譯，參照一九九〇年版香港聖經公會印行的《和合本聖經》。

這段經文被唸誦與談論之頻繁，簡直就像在石頭上鑿刻的字句一樣，深深烙印在我們心裡。也因此，十七年前我第一次讀到阿拉姆語版本的〈天主經〉，對當時的我可說是不小的震撼。阿拉姆語版的第一句是：「Abwoon d'bwaschmaja.」，意思是：「我們在天上的父。」

此外，阿拉姆語就像其他許多古老的語言，很多用語無法用現今的語言明確的翻譯出來。比如，阿拉姆語表示「紅色」，可能同時有「紅葡萄酒」或「血液」的意思。這些一字多義的現象，通常要經由前後文推敲才能確定字義，大幅度增加了翻譯的難度。這個翻譯的問題今日也出現在「中文」這個古老的語言，與阿拉姆語不同的是，現在還有很多人使用中文。撇開同樣有許多不同的方言這點，中文也常出現一字多義的現象，聽者必須從不同的發音和音調，判斷到底指的是什麼意思。

從〈天主經〉最初的起源，獲得新解

讀過道格拉斯—克羅茲的著作後，我也覺得耶穌好像跟他的翻譯使用完全不同的語言。那種感覺就像一個德國南部的巴伐利亞人，想要聽懂北方低地德語的德國北部人說的話。尤其，並非每個諺語都能用一種語言表達。例如，我親愛的歌唱俱樂部先生（My lovely Mister Singing Club），譯成德文會是什麼意思呢？原來那是從德國俗諺「Mein lieber Herr Gesangsverein」⑤直譯而來。果然經過翻譯就無法理解了。

在我們正式進入阿拉姆語的〈天主經〉經文內容前，我想先請你實際聽聽這個古語言的發音和聲調。因為書本無法發出聲音（除了童話書），在此藉助現代科技。請上影音分享網站YouTube搜尋阿拉姆語的〈天主經〉，你可以找到許多優美的版本。我個人認為阿拉姆語的〈天主經〉經文，以歌唱形式表現尤為美好動人。（https://www.youtube.com/watch?v=KejGKjSYD6w）不久前，我受戈德曼出版社（Goldmann Verlag）之邀，在一場線上研討會中介紹我寫的幾本關於祈願的書。那場線上研討會的最後幾分鐘，一名女性觀眾問及，如何和宇宙有更好的連結，為了回答這個問題，我也提到了阿拉姆語的〈天主經〉。（線上研討會：https://www.litlounge.tv/webinar/danke-fuer-die-lieferung。）順道一提，後來我發現那次誦讀經文，我竟然漏掉了一

譯注⑤中譯同英文。這句諺語通常用來表達驚訝的情緒，無法從字面翻譯傳達意境。

行……誠然是因為提到這段經文，不免情緒就激動起來了啊！

阿拉姆語〈天主經〉有不同的誦讀版本[5]，聽過的人應該會注意到每個版本聽起來都不太一樣。本書在參考書目裡選錄的，是以幾個不同的阿拉姆語地方口音唱誦的〈天主經〉。例如，比較容易混淆的「Abwoon」，有時也會見到「Abwun」或「Abvun」這樣的寫法。無論寫法如何，至少中間的母音部分都是發長音的「oo」。這裡提到的相關內容，當然也可以在道格拉斯—克羅茲的網頁專刊中（www.abwoon.com）找到。

在你聽過「新版」的古文〈天主經〉後，接下來我要開始逐句解析經文內容。我的建議是：盡可能地感受你的內心、感受經文最切合你內心的意義。道格拉斯—克羅茲在探討〈天主經〉的同名專書中，就提出多樣性的解讀。本書列舉出最切合我心意的詮釋。切合你心意的詮釋是什麼樣子呢？怎樣才是「屬於你的」〈天主經〉？請將我在本書中提出的看法視為拋磚引玉，自由選擇你認為最優美的詩句，用你最能感受這個世界和宇宙／上天的方式，盡情解讀「屬於你的」〈天主經〉。單就這點，就足以成為我們為什麼要祈禱的原因了！

我們在天上的父：
願人都尊祢的名為聖。
Abwoon d'bwaschmaja Nethkadasch schmach

起首這兩行寓意深遠的詩句也稱為「大祈禱文」（Große Gebet）。天父在這裡被尊為聖，而神是我們對話的對象。

最接近「Abwoon」這個字的翻譯是「父親」，可以溯源到阿拉姆語中的「父親」，用的是「Abba」這個字，而拉長音的「Abwoon」則涵蓋了更多意義，接近「天上的父母」，也包含神女性那部分，這部分姑且讓我稱做：「偉大的母親。」因此這裡的「創世」，就可解讀為「不斷繁衍與孕育新生命的行為」。如同其他歷史悠久的宗教，「Abwoon」這個字意味著所有生命的起源。

據推測，第一版的〈天主經〉不知在何時為了流傳與轉譯成其他語言的目的，被寫了下來。阿拉姆語常有一字多義的現象，無法將所有的字義都記錄下來，所以只記錄下一種。就算到了現代，各個文化也有特定的用語，無法轉譯為其他語言。

阿拉姆語中有一個耶穌也用過的諺語：「我為你們吃我肉、喝我血⑥。」這個阿拉姆語的句子絕不可以其字面來理解。在阿拉姆語中，當人要強調「我為你們做了很多努力」時，就會用到這個句子。有了這個理解之後，我就能比較安心地在聖餐禮中領受聖體⑦，並藉機感謝耶穌基督為我們所奉獻犧牲的一切。

這句經文是這樣寫的：

天上的父母、創世之主、世間萬物的起源，

我跪在祢們面前，謙卑的敬拜祢們。

接下來的詩句最廣為人知的版本為：

願祢的國降臨；

願祢的旨意行在地上，如同行在天上。

阿拉姆語版本則是：

Tete Malkuthach.

Nehwe tzevjanach aikana d'bwaschmaja af b'arha.

其中「國／國度」一詞對應的是阿拉姆語「Malkuthach」，這個字在阿拉姆語，是雌性也是陰性，表示神的女性面，因為在阿拉姆語「母親」用的是「Malkatuh」，與「Malkuthach」非常相近的字。因此「Malkuthach」可以翻譯為「偉大母親的國度」，帶有地球之母保障了所有生命需要的養分之意。此外，母親也是在家中說話有分量的人，以愛將家人的情感凝聚在一起的核心人物。在這一行中，特別強調了「地球之母的家」，以說明我們願意服從家中女主人（和男主人）的意志（Wille）。

這裡雖然用了「意志」這個詞，指的並非嚴苛或霸道專橫的意志。這裡對應的阿拉姆語是「tzevjanach」，這個字的意思更接近「和善的要求」，是那種因為我可以看到那些意志背後有著仁厚與深切的善意，所以生而為人的我，心甘情願地臣從。

譯注⑥可參照《約翰福音》六：五四～五五。

⑦天主教（傳統基督教信仰）儀式中使用的無發酵餅，用以象徵耶穌基督的獻祭，因為「發酵」象徵著「惡毒、邪惡」（可參見《哥林多前書》五：七～八）。

這裡不免讓我想起我在面對我的孩子，有時為了他們好，而立下一些規矩。因為我早生幾年的生活經驗，讓我比我的孩子們理解生活多一些。因此，當我出於愛有些堅持時，希望我的孩子都能感受背後的用心良苦。

後面那句：「（行）在地上，如同（行）在天上。」也讓人想到中古時代的基督教神祕主義信徒，其中最為人所知的莫過於艾克哈特大師（Meister Eckhart，一二六〇～一三六七／六八）。這些神祕主義信徒堅守「上面如何，下面也應如何」的嚴謹規律。可與之相提並論的是：在那個看不見的天上國度實行的規律，也適用於我們地上的世界。所以在我的理解中，這句話就帶著「將天國帶到人間」的深深期許。因此，生而為人、有信仰的我，就要盡我所能去做到這個期許。

我對這幾行的解讀是：

感謝祢，允許我分享祢們的房子。

請讓我協力，將祢的天國帶到我們人間，

好為地上的所有人造起一座伊甸園。

接下來的句子是：

我們日用的麵包⑧，今日賜給我們。

Hawlan lachma d'sunkanan jaomana.

這裡的「麵包」，是阿拉姆語「Hawlan」這個字的其中一個意思。「Hawlan」不僅指供給肉體所需的養分，還包含靈魂與心智三個層面的全方位滿足。如果只是為了「營養」，我們有許多方式可以取得，倘若要健康又快樂地活在這個世界上，除了「麵包」，還必須用「愛」餵養我們的靈魂、用「有意義的事」滿足我們的心智。

這裡讓我想起聖經中提到天上的飛鳥那個段落：「你們看那天上的飛鳥，也不種，也不收，也不積蓄在倉裡，你們的天父尚且養活牠。你們不比飛鳥貴重得多麼。」（《馬太福音》六：二十六）這段話讓我體悟到：一如我就是我，是一個堂堂正正的好人。神、父親與母親都愛我，愛這樣的我。這個段落也說明了最初的那份信任，是

譯注⑧ 此處「麵包」為德文經句用詞，中文〈天主經〉對應的用詞依版本不同分別是「飲食」或「糧食」。

他們的愛引領著我，給予我所有生活必須的東西，就如同父母理所當然將他們所擁有的資源給孩子一樣。

聖經還有補充說明：《馬太福音》十四：十三～二十一中，敘述了麵包神奇變多的故事，這部分可以讀到在那個當下，人類對耶穌的深深信任。故事中有五千人，但是只有「五個餅、兩條魚」，怎麼夠那麼多人吃呢？你要知道，在耶穌那個時代，當時的人不論路途多遙遠，都要靠雙腳行走，途中還可能遇到惡劣的天候，尋求遮蔽就要耽擱幾個小時，還可能連續一、兩天，只有藏在披風內的幾片餅或幾塊魚乾之類的東西可以吃。當耶穌分餅時，人們就也拿出他們原本藏起來的緊急儲備糧食，彼此分享。於是，所有人都可以吃飽了。

我對這段的翻譯是：

感謝祢，讓我在各方面得到飽足，
無論是我的身體、心智
還是靈魂。

免我們的債，如同我們免了人的債。

不叫我們遇見試探；救我們脫離凶惡。

Waschbokla chauben wachtahen aikana daf chnan

schvoken l'chaijaben

Wela tachlan l'nesjuna ela patzan min bischa.

就目前為止所敘述的，我們也該知道「債」（Schuld）⑨這個字，也有很多不同的解讀。如果要解釋，我認為最好從「債」的相對概念談起：「天真」或「無罪」（Unschuld），這也是我們來到這世界時最初的狀態。在這段〈天主經〉經文中，我求我在天上的父母讓我能維持如此無罪的狀態，並且讓我所行都出於善意。就此而言，我為天上的父母「無我」（selbstlos）做了擔保，並表明：「親愛的父母，讓我行祢們的旨意！」

倘若有時我偏離了在天上的父母為我預先規劃好的道路，那我可能就有了「債」。

譯注⑨天主教版本譯做「罪過」。

更好的說法應該是：我不知道怎麼做得更好，我如同迷路的小孩。這時我的祈禱大概如下：「親愛的父母，請隨處護佑我，讓我得以依循祢們的旨意前行。」

如果我和在天上的父母失去聯繫，我就可能犯錯。我沒有遵循他們的意旨行事，那麼我做的事也就不會成功。因為我和內在引領我前進的力量失去了連結。

提到關於「邪惡」的這幾句，讓我想到黎巴嫩詩人紀伯倫（Khalil Gibran，一八八三~一九三一）曾經說過：「『惡』，不正是被飢渴折磨著的『善』嗎？」這麼想來，也就是一旦「善」失去了引導，「惡」就由此而生了。

因此，我這幾句的解讀是：

親愛的父母，讓我奉行祢們的旨意。

請隨處護佑我，讓我得以

依循祢們的旨意行事。

請讓我的內心隨時可以感受，並且聽到

祢們的存在，好讓我識得，並在正確的時間

做正確的事。

無論是我的身體、心智。

〈天主經〉的末尾是這樣寫的：

因為國度、權柄、

榮耀，全是祢的，

直到永遠。

Metol dilachie malkuthach wahaila wateschbuchta

l'ahlam almin.

Amen.

末尾這段再次將〈天主經〉的要旨總結，並堅定信心。最後的「阿們」來自希伯來文的動詞意思，為「堅定、踏實、牢固」這個字的字根，意義大約等同於：「就是這樣。」宗教改革家馬丁・路德將之譯為「真實的」（wahrhaftig）。

到了這裡，所有〈天主經〉所說的、或所描寫的，都再次得到確認。我再次斟酌了前文提過的內容，慎重地簽下我的名字。這過程中我很清楚，這樣的確認「永久有效」，而且是不可廢除的。「阿們」這兩個音節就是有這樣的力量。

我對這段的解讀是：

我鄭重宣誓，以祢們的旨意行事。

阿們。

或許你對「屬於你的」〈天主經〉怎麼解讀，有哪幾句有不同的解讀已經有些想法。所以你的祈禱文、你的〈天主經〉聽起來是什麼樣子呢？下面，我將我所解讀的版本整合在一起。請放鬆，讓自己去發現屬於你自己的版本吧。

哪幾行對你來說最符合心意、最有說服力呢？

天上的父母、創世之主、世間萬物的起源，

我跪在祢們面前，謙卑的敬拜祢們。
感謝祢，允許我分享祢們的房子。
請讓我協力，將祢的天國帶到我們人間，
好為地上的所有人造起一座伊甸園。
感謝祢，讓我在各方面得到飽足，
無論是我的身體、心智
還是靈魂。
親愛的父母，讓我奉行祢們的旨意。
請隨處護佑我，讓我得以
依循祢們的旨意行事。
請讓我的內心隨時可以感受，並且聽到
祢們的存在，好讓我識得，並在正確的時間
做正確的事。

我鄭重宣誓，以祢們的旨意行事。

阿們。

詩，是我個人在祈禱時表達感受與體驗的方式。許多我在日常生活中難以用言語轉述的情感，反而以詩的形式，最能傳達我的心意。

以下，就是我為我的宇宙所寫的詩。

〈祢的光是所有心之所嚮〉

祢的光是所有心之所嚮，
祢就是心的源頭，
祢在那裡點亮千盞燭光，
無時無刻綻放光明。

在我看不到祢的時候、
在我無法識得祢的時候。
現在我幾乎不能走、也無法站起來，
因為我如此徹底地折服於祢。

我可以感受到每個人，

因為祢就在每個人的臉上，
並且祢要引導每顆心
總是綻放祢的光芒。

唯有祢教會我看見，
我才能在「祢」中識得祢。
在祢週近禁止我行的事，
傷痛只會在我內心灼燒。
那麼就讓我化成火焰，
只為了將一切看做祢，
並以祢的旨意行事，
且依循祢的步履前行。

第三章

找到你專屬的心靈祈禱文

當我禱告的內容更發自內心、更虔誠時，我想說的反而愈少。到最後我完全靜默，甚至猶如強烈對比般，成為傾聽者。剛開始我以為祈禱就是說話，但我學到的是，禱告不是保持沉默，而是傾聽。禱告並不是聽自己說話，而是沉澱自己、讓自己靜下來，然後等待，直到我們這些禱告的人聽到神的聲音為止。

——索倫・齊克果／丹麥神學家、哲學家

（Søren Aabye Kierkegaard，一八一三～一八五五）

每個宗教為了呼喚神這個更高的主宰，都有各自的祈禱方式。前一章我們已經重新解讀過〈天主經〉，所以在第三章，我想介紹幾篇觸動我心靈的祈禱文，這些祈禱文分別來自基督教、伊斯蘭教、佛教和印度教等不同宗教。將這些來自不同宗教的經文一起呈現，全然是我個人的體驗，這麼說來不免過於恣意妄為，但是透過這些祈禱文卻可以看到，雖然它們來自不同的宗教、即使這些宗教名稱各有不同，但是卻有許多共通之處。不同宗教之間，就好比是許多通往神的道路，無論如何，總會到達同一個目的地。

為什麼自古以來，人類就有祈禱的行為？在我的人生中，不斷出現超乎我能力所及的挑戰，令我不知所措。通常這個時候，我就會在祈禱中尋求庇護，這樣做不只是懷著希望，並且相信我可以在祈禱中找到心靈的依靠。

我相信世界上有更高的主宰，也就是「高靈」的存在，這些高靈高高在我之上，與我有著遙不可及的距離，但是祈禱時，我的心就能與這些高靈有所連結。這個「高靈」也可稱為神或造物主。祈禱過程中，不僅將自己的內在與這個更高層的靈產生連結，還可能發現：在我自身之內就能感受到這個高靈，祂並非在我之外。也就是，祈禱的時候，我就能將這股上天的能量帶到人間，並化為我自身的一部分。

祈禱，就是接收宇宙能量

祈禱，就是邀請這股「更崇高的力量」，來到我這裡，如此一來，這股力量才能在我內心發揮作用。這股力量可以讓我學習，如何做好更充分的準備來面對生命，以及上天為我安排的挑戰。因此，那些我可能無法做到的事，就可以藉助這股更崇高的力量來完成，而這就是那股足以移動山的信仰所帶來的力量。

為了讓人們體驗神的存在，基督教藉用了聖母保護的聖嬰形象。祈禱時，就能同時招喚聖母與聖嬰，就像天主教教友數著玫瑰念珠禱告。聖嬰的形象更是兒童祈禱的良好橋梁。因為兒童看到和自己一樣幼小的小耶穌形象，容易產生認同感。

德蕾莎修女認為，世人都應該多多祈禱。在她看來，當今世界上的諸多問題，都是因為我們疏於祈禱引起。想要追尋神、想要瞭解生命意義，卻又不知如何做起的人，德蕾莎修女就會建議從祈禱做起。

於是，我追隨了德蕾莎修女的建議，第三章介紹了我這幾年來接觸過、最能感動我的幾篇優美的祈禱文。我們祈禱的理由是：要能夠觸及內心最深處。邀請神進到我的心裡，讓我們的祈禱更能感受到這股崇高的力量，確實存在我之內。這也是信仰的本意：人可以一直爭論神的概念和經文的解讀，但真正在內心體驗過神，認為神確實存在的人，就不會再爭辯下去，因為這樣的人知道：祈禱時，神確實存在。而且這樣的人也相信，祈禱有更深的意義，那就是：體驗神所經歷過的。希伯來文中，用「Jahwe」這個字稱呼「神」，意思接近：「我就在那裡。」

所以我才會在文中不斷地問，哪篇祈禱文最能感動你。為了找出這個問題的答案，建議你最好在心中默念這些祈禱文，看看哪幾篇最能讓你感受到上天／宇宙的存在。也許你會因此與你的信仰連結，發覺是你的心主動為你祈禱。

所以，就請像我在第一章中提過的，讓你與自己的心連結。給自己完全不受干擾的幾分鐘時間，為自己默唸這裡介紹的祈禱文。或許就像本章開頭哲學家齊克果所寫的，你也能感受到內心的平靜與安寧。

本書提到的祈禱文，也許可以成為你的心靈祈禱文。果真如此，我為你感到高興。如果我們能夠完全在我們的內心祈禱，那麼我們的心就是一座神聖的殿堂，可以經常邀請上天進駐。當我們的心為我們祈禱時，就能得到安和與平靜。

用心祈禱，我的心就是迎來上天的殿堂

對西方人來說，基督教是最熟悉的了，所以身為西方人的我，接下來從我個人的心靈祈禱文中，選出一篇帶有基督教文化傳統，據傳是由聖方濟各亞西西（Franz von Assisi，一一八二～一二二六）所寫的祈禱文。

主啊！使我成為祢成就和平的工具，[6]
讓我在有仇恨的地方練習愛；
使我能原諒羞辱我的人；
讓我在有紛爭的地方，成為溝通的橋梁；

使我在有誤解的地方，能夠說出真相；
讓我為有懷疑的地方，帶來信仰；
讓我為有人受苦而絕望的地方，喚起希望；
讓我在黑暗中，點亮光明；
讓我在悲傷徘徊處，帶來喜樂。

主啊！讓我努力，
不要成為被安慰的人，而要成為安慰他人的人；
不要成為需要被理解的人，而是能理解他人；
不要只是成為被愛的人，而要成為愛人的人。
因為付出的人，必有所收穫；
忘掉自我的人，必能找到自己；
原諒他人的人，也必能得到原諒，
死去的人，必也能在永生中醒來。

阿們！

姑且不論這篇祈禱文是否真的出自聖方濟各，但是其中所傳達的內容，仍然非常符合聖方濟各的精神。我第一次讀的時候，感動不已。因此，在沉靜的時刻，我常為自己反覆誦讀。

另外，還有一篇也很感動我的祈禱文，是出自哈加特・印納亞・克杭（Hazrat Inayat Khan，一八八二～一九二七）①的手筆。克杭雖然是聖方濟各之後七百年才出生的人，但是他們的祈禱文卻有異曲同工之妙。一八八二年克杭出生於印度，他生前最大的功績，是將以神祕主義為基礎的伊斯蘭教傳統，引介到西方國家。此外，克杭是一位傑出的音樂家，因此下面介紹他寫的這篇祈禱文，也可以用歌唱的方式吟誦。最初，我接觸到的形式是歌唱，有時我在主持研討會開始前進行冥想時，我就會唱誦這篇祈禱文[7]。

我也會陸續介紹感動我的心靈祈禱文，但是以下這篇是最觸動我的一篇。

譯注① 印度音樂大師與神祕學家。

讓祢的願望成為我的渴求，
讓祢的旨意成為我的行動。
讓祢的語言成為我說出口的話，敬愛的神，
並讓祢的愛成為我的信念。
讓我種下的能為祢開出美麗的花朵，
讓我的果實為祢帶來多產的種子。
讓我的心成為祢的俘虜，敬愛的神，
並讓我的身體化做祢的蘆笛。

印納亞・克杭生前留下了許多的祈禱文，我想再舉一篇〈邊緣〉，這一篇也是我的珍愛[8]。

〈邊緣〉

讚美祢，最崇高的神，

祢是全能而無處不在的神。
祢是唯一的信仰，
祈求祢把我們擁入祢慈愛的臂膀中；
將我們從沉重的泥中高舉起來，
我們敬拜祢的美好，
並甘願臣服於祢。
充滿慈愛的神啊，
祢是千萬人中最高的理想，
我們唯只敬拜祢，
唯有祢才是我們的渴望。
我們敞開心胸接納祢的美好，
並蒙受上主之光照亮我們的靈魂，
噢！祢是完整的愛、和諧與美好！

祢是全能的造物主與守護者，
是裁判與寬恕我們過錯的人。
東方與西方的主與神，
天上與人間的世界，
無論是可見或不可見的靈，
請將祢的愛與光明澆灌予我們；
賜給我們的身、心、靈日用的食糧；
請讓我們發現，
祢用智慧揀選的
心靈祈禱文，
並引領我們步上祢仁慈的道路。
請在生命的每時片刻看顧我們，
直到在我們之中照見祢自己。

蒙受祢的恩惠、美好與智慧，
感謝祢帶來的喜樂與和平。
阿們！

這篇讓我想到我過世的老婆，貝波兒（Bärbel），也讓我聯想到另一篇來自亞洲文化圈的珍貴祈禱文——直到今日仍是許多印度教徒每天都要唸誦，且多數以歌詠的形式進行的印度神曲〈歌雅垂曼陀羅②〉（Gayatri Mantra）。貝波兒生前常聽的，是德國女歌手迪娃・裴摩爾（Deva Premal，一九七〇～）唱的版本。除了〈歌雅垂曼陀羅〉，裴摩爾和她的另一半米頓（Miten，一九四六～），也在世界各地數以萬計聽眾面前演唱過其他曼陀羅與歌曲。我曾經在慕尼黑聽過他們的演唱會，我很推薦。對我來說，裴摩爾的演場會就像一場既時髦又新潮的禮拜儀式，整晚都可以聽到臺下的聽眾隨著臺上的表演唱者唱和。我與貝波兒的婚禮，也和前來祝賀的訪客一同吟唱這首〈歌雅垂曼陀羅〉。對我來說，這首曼陀羅的意義相當於一篇婚慶詩歌。除

譯注② 曼陀羅（Mantra），梵文「真言」、「咒語」之意，起源於吠陀經，為印度教傳統上用來祈福、消災與驅邪的經文。

此之外，這首曼陀羅之所以特別容易引人注意，除了它常以歌曲的形式進行吟誦，還可以用在不同的場合。

在〈歌雅垂曼陀羅〉中，以太陽四射的光芒象徵神的存在。以下是梵文轉寫成羅馬字母的原文內容：

o bh r bhuva sva
tát savitúr váreniya
bhárgo devásya dh mahi
dhíyo yó na pracodáy t.

此外，迪娃・裴摩爾出過的幾張專輯，也收錄了這首，比如《生命的本質》（The Essence）這張專輯[9]。（其他版本如下：https://www.youtube.com/watch?v=BSmToj9VZ4s。這裡我想邀請你暫時放下書，用心欣賞。（寫到這裡，我也正在聽這首曼陀羅，讓我心神比較安定。）

說到梵文，這個記述印度教經文的古印度語言，他和前面提過的阿拉姆語有同樣的問題：要將這些古文字的內容轉譯成今日的語言概念，幾乎是不可能的任務，也因此〈歌雅垂曼陀羅〉存在許多不同的解讀。其中一個版本，可以在網路德文版的維基百科（Wikipedia）找到，大意約略如下：

讓我們冥想「唵」③這個神創世後發出的第一個聲響，來自三境界：穢土（Bhur）、較芬芳醇美的天上（Bhuvah），與最高貴的天堂（Svah）。

讓我們榮耀（Varenyam）崇高而無可言喻的「神的存在」（Tat），祂以太陽（Savitur）彰顯榮耀，祂是創造生命的能量。

讓我們冥想（Dhimahi）、神（Devasya）、榮耀的光芒（Bhargo），因為那是可以消滅所有黑暗、無知與不道德的神聖光明。

祈求這道光明可以照亮（Pracodayat）我們的靈魂（Dhiyo）。

印度當代哲學家吉杜・克里希那穆提（Jiddu Krishnamurti，一八九五～

譯注③「唵」（Om），印度教《吠陀經》中以「唵」為宇宙起源的第一響，並認為宇宙萬物皆從「唵」這個音的震動而生，起源於印度的佛教亦受印度教影響，以此為聖潔之音，許多咒語皆以「唵」起始，較廣為人知的是六字真言「唵嘛呢叭咪吽」。

一九八六）重新詮釋的〈歌雅垂曼陀羅〉，則是我認為最優美的版本：

我們冥想著燦爛的神聖光明，
那是來自有聖潔覺知的崇高太陽，
祈求能喚醒我們直覺意識。[10]

最後，我想介紹一個經常聽到的佛教真言。連續幾年的星期天，我都在佛教寺廟中度過，因此以下的祈禱語讓我倍感親切。此外，佛教真言在藏傳佛教中也有深遠的意義，不僅藏傳佛教認為它是最古老的，直到今天仍然是最常被唸誦的「曼陀羅」，而且和《歌雅垂曼陀羅》都來自梵文，是代表觀世音菩薩的真言。（「菩薩」的意思是「覺悟的有情眾生」，尤其在大乘佛教中指的是，在更高境界中追求覺悟的有情眾生。在不同佛教宗派中，「菩薩」的概念或有不同。）

我要介紹的就是世界上最廣為人知的「六字真言」：

唵嘛呢叭咪吽。

如果你讀到這裡，想要再聽一次、感受這句真言，可以上 Youtube 找到許多不同的版本。

值得注意的是，這句真言被視為佛教教理的濃縮精華，以及佛陀教誨的總結，因此不容易經由翻譯說明含義。最簡單的翻譯：「哦！祢是蓮花中的珍寶。」如果深入探究，大抵可以發現這六字真言扮演了類似工具的角色，目的是讓祈禱的人，可以經由專注六字真言而得到覺悟，然後發展出內心真正的佛性（蓮花中的珍寶）。

此外，「唵」既是最原始的聲音，代表了神創造這個世界的行為，就如同第二章提到的「Abwoon」，代表了涵蓋多種意義的神。「嘛呢」意指「珍寶」，也有純淨與珍貴的意思。我個人偏好理解為「純淨的心靈」，也就是經由誦讀六字真言，突破外界藩籬而得到「純淨心靈」。「叭咪」，雖然表面指的是「蓮花」，背後更有「出汙泥而不染」的寓意，引申蓮花出自濁汙之中，卻仍維持自身的潔淨美好，一如我們生在這個不完美的混濁世間，也應竭力維持我們心靈的潔淨美好。「吽」，這個音節的作用，則如同基督徒祈禱末尾「阿們」，目的是用來確認與堅定我們的信念，同時也含有追求智慧以彰顯佛性之意。

誦讀「唵嘛呢叭咪吽」，就意味著受到神佛的眷顧，眾生皆可從苦難中解脫。這不僅是所有佛教徒的願望，也是眾菩薩的誓願：希望「眾生離苦得樂」。不久前，我讀到達賴喇嘛曾表示，既然佛教已成為世界性宗教，那麼他在人世間的任務已經完成了，因此不再有轉世的必要。這是達賴喇嘛以他作為人的身分做出的決定，遵守誓言，重新化身普通的佛教徒，直到世人都能獲得喜樂。我認為這個論點非常偉大。

〈父親〉

父啊！祢的空間是如此遼闊，
祢的影響力與指引及於無邊無際。
在祢之中孕育著時間的搖籃，
願我能恆常感受祢的存在。
是祢填補了寂靜，
在我遺忘信仰時；
是祢引領我找到回家的路，
讓我能沉著的向前大步邁進。
當我憶及祢的慈愛，
祢的臂膀牢牢接住我，
如同提供庇護的巢，

祢是滋養我的養分與水槽。
祢的氣息賦予我活力，
祢的口說出我的忠誠，
祢的眼注視著我，並且
恆常讓我成為最好與最新的人。

祢的護佑無所不在，
於是我滿是感謝，
祢賜予我世界上所有的珍寶，
有種子、枝條與藤蔓。

祢步入婚姻
在人間與母親相愛，

讓我們，祢的孩子們，
永遠記得你。

當我們與祢溫柔地相繫
祢就會愛我們、祝福我們
如果我們又像孩子一樣，
請祢都要與我們同在。

是祢的愛，無所不在
遮蔽了眼睛，
而我的心也收藏了祢的愛，
足以打造明日的天堂。

第四章

祈禱、感受，然後「下訂單」

祈禱，不該是為了求神保佑、
求神給你什麼，
人要祈禱，是因為神總為你付出。

——威廉・莎士比亞／英國劇作家
（William Shakespeare，一五六四～一六一六）

今日我們的行為往往受到思考與理智的支配，而我們的信仰尤其容易被理智左右。我們普遍認為，只有在智識範圍內能夠理解的事物才可以相信，於是「祈禱」和「下訂單」，就由此開始面臨困境。無論是神或是宇宙，都不是用我們熟悉的常識或科學認知就可以理解的概念。這兩種概念所涵蓋的範圍非常廣泛，以至於不只我們人類無法綜觀全貌，既有的量測工具也無用武之地。幸好人類出生以來，就內建了與神和宇宙聯繫的管道，那就是我們的心：經由我們的心可以感受周遭的一切。

祈禱時，我是與一股更崇高的力量對話。我認為，把這股力量稱作「神」也好，或是「造物主」或「宇宙」都沒關係。無論哪一種稱法，我們都知道，祈禱就是與比自己更偉大、層次更高的靈，產生連結的過程。就這個層面而言，可以看到「祈禱」與「下訂單」之間，有著極為密切的關係。

在我探討以新方法許願的第一本書《訂單沒來》中提過相關看法，我認為：就算「祈禱」與「下訂單」和宇宙建立連結的方式不同，兩者仍然像是來自同一個家庭的手足，有著緊密的關聯。

我甚至揣想著，我往生的太太貝波兒，之所以能夠讓廣大的讀者群信服，正是因為她能夠以無拘無束、直接的方式和宇宙溝通。從她的字裡行間可以感受到，她和宇宙的關係充滿了童真的好奇心和自由奔放的喜樂。或許可以這樣理解她想傳達的信息：「你看！在天上和我們周圍都是要幫我們實現願望的宇宙。你也來試試吧？試了你就知道，這麼做會帶來喜樂。我和幾個朋友分別在不可思議的情況體驗過，最後願望真的實現了！我誠摯的邀請你，親身體驗看看。」

不可否認的是，這種自由而愉快的許願方式和傳統上的祈禱，仍然存在某些差異。尤其在幾乎很少人進教堂的時候，隨時有人想要找到合乎時代的新方法來和宇宙取得連結，而「下訂單」的方法如此簡易方便，正好滿足了許多人心靈上的空缺。

即使「祈禱」和「下訂單」分別以不同方式和宇宙、神，或更高的力量建立起連結，但是這些不同的方式之間仍不會背離彼此太遠。其中，「下訂單」以新的方式傳達出，在我們之外存在另一個運作機制，對我們的生活產生正面影響。「祈禱」與「下訂單」並非競爭關係，而是能夠形成相輔相成的作用，因為這兩者的共同目的，都是讓我們人類和層次更高的力量連結，也正因為這股力量總會適時發揮作用，所以我們完全沒有理由不「下訂單」。

我們沒有理由不祈禱

我們常因當下的信仰或感受，以這種或那種方式「下訂單」或進行「祈禱」。在每個時刻我們各有相信的事物，每分每秒也都感受到各自不盡相同的特別之處。無論我們是否接受這樣的說法，無論我們是否有意識這麼做，不容置疑的是，這或許是我們人類與周遭環境產生互動時，突顯出人類與其他事物最大的不同點。

倘若我相信一件事，那麼我的信仰就有足以移山的力量；倘若我不相信一件事，那麼山還是會在那裡一動也不動。至於我所相信的，自然就會指引我前進。亨利．福特（Henry Ford，一八六三～一九四七）① 曾經做過最好的註解：「不論你相信自己能做到，或不相信自己能做到，至少確定的是：只要是你認為的都有道理！」

在這裡我們可以看到「祈禱」和「下訂單」，是建立在共同的基礎上：「相信。」

也就是說，**只要我愈相信自己許願的內容能實現，這個願望就愈有可能達成。因此，倘若我相信有神，神就會為我而存在。就是那種可以移山的「相信」，讓「下訂單」得以實現，進而讓我的世界和我所信仰的神成為真實**。

此外，「相信」和「感受」也是重要的關聯。早期我和貝波兒一起合寫過一本關於許願的書，書名叫《用心感受》（*Fühle mit dem Herzen*）。書裡探討過相關議題。當印第安巫醫為了拯救久旱成災而奄奄一息的農作物，跳起祈雨舞時，這位印第安巫醫必然是相信，這樣的儀式能帶來降雨的力量，同時他也深信這股力量，發自內心的相信，他跳的祈雨舞一定會成功讓天下起雨來。接著他感受到，他的衣服被天降下的雨水淋濕了，對他來說，他的祈願實現了。印第安巫醫認為，是他滿懷信心地跳著祈雨舞，所以求雨的祈願才那麼快實現。在這個時刻，他的想望和神融合在一起了，在那個當下，他的願望與神的願望之間就沒有差別了。

如果我只是認為我的願望「可能」實現，那麼就不算是全然相信願望會實現，也就是說，我的感受仍然存在絲毫的懷疑。倘若我賦予全盤信任堅信著，那麼我就與造

譯注① 美國企業家，福特汽車公司（Ford Motor Company）創辦人。

物主有了連結，在那當下我就真的聯繫上我所信仰的神了。這樣一來疑惑就解除了，因為在我心裡已經感應到：神就在那裡。祂正在對我說話，我們將合而為一，祂的願望與我的願望就是同一個，不再有差別。這時候，我就找到我所信仰的神了。

因此對我來說，當我用「信仰」（der Glaube，名詞）一詞來形容和神產生聯結，總不免憂心可能引起誤解。因為在口語上說到「相信」（glauben，動詞）某事，其實代表自己對某事不太信服。因此明確的用詞應該是「相信神」（Gottvertrauen，名詞）。如果我信任（vertrauen，動詞）神，那麼我在感受上就會非常確定：神就在我左右。

這樣一來，「神」就成為與我的感受有關的事，而不再是思考層面的事。因此，祈禱就是我去感受神所感，並且在我心裡感應祂，而思考的作用還可能協助我意識到這樣的事實，讓我更有意識的進行「祈禱」。除此之外，思考在這裡就不再有更多用處了。至於與我的宇宙產生連結，則可以透過我的情感達到，如果我以愛和感恩的心情遞交出我的「訂單」，那麼我「下定單」的內容，就特別容易實現。由此看來，情感確實有其重要性，在祈禱或「下訂單」的過程中，「感受」因此特別重要。

祈禱就是去感受，「去感受」就是「下訂單」。我們以情感和宇宙「對話」，也經由這種方式理解我們所信仰的神。雖然思考是人類很重要的一部分，歸根究柢，人類還是有感覺、會感受與體會的生物。

感受時，我們和宇宙還有神融合在一起

本書主要探討祈禱，同時也探討感受。如果我們想讓自己感受更多，或有更多的感應，這時，神和宇宙也會離我們更近。然而，現在人們比較願意理解單純的認知，因此常會和我們的感受、也和我們的神和宇宙錯身而過。因此，聖經才會有這麼一句話：「變成像小孩子一樣。」（《馬太福音》十八：三）。我們年幼的表現更偏情感層面，在那樣的狀態下，我們不僅更容易感受自己，更能感受神和我們的宇宙。據傳，德蕾莎修女曾提過：「我們應該像小孩子一樣來到上帝的面前。因為小孩子可以輕易地表達他們的情感，好讓上帝瞭解他們。」

大約一年前，我受邀前往瑞士參加一個由基督教改革教派教會所舉辦的會議。那

次會議的主題是「正面思考的限制」，會中我以「向宇宙下訂單」為題進行演說。主辦單位邀請了一群學童來聽我的演講，過程中，這群十三、四歲的孩子不僅專注聽講，更在演說結束後報以熱烈的掌聲！會後，孩子的老師還邀請我到他們的宗教課，進行客座教學。

那次我欣然接受邀約。我認為，唯有教會願意敞開心胸接納新想法和討論，才是正確的。在我們當今所處的時代，人們往往需要有人去告訴他們該怎麼做，才知道該怎麼做，因此要告訴人們宗教的內涵，才能讓他們想起到底為何要有信仰。

前述提到在瑞士舉行的會議，雖說幾乎都是正面經驗，對我來說仍有些美中不足，那次會議中提到的「正面思考」，被認為需要「奮鬥」才能得到。也就是為了支持自己的立場，而去批評其他立場不同的觀點，這樣的認知在我看來，完全是錯誤的方法。我更希望教會能從自身的優點出發，自信地說出：「我們就是這麼好，我們所說的話多麼有說服力，所以人們才願意回到教會。而不是因為其他觀點『比較差勁』。」

就我個人而言很重要的是，每個人都能在不同的團體和不同的思想派別，不斷從自己的信仰和真相得到新的體悟。如果我把這個願望寫成祈禱文，看起來就像這樣：

為找到新體悟祈禱

親愛的上天，
祈求祢讓人們隨時準備好，
無論以何種方式，
都能回到祢面前。
以祢的無所不知，指引我們每個人
走向對的方向，並
賜予我們前往對的方向所需要的智慧。
讓人們瞭解到，
只有當他們再度找到祢，
才能得到真正的幸福。

因為那時，他們才能找到自己。
請賜予他們祢所擁有的力量、和平，
還有祢的智慧和祢的愛。

我不認為自己可以代表正面思考的人，如果真有那麼點關係的話，我想在自己的標語牌寫上「正面去感受」。我認為，只靠思考無法得到真正的幸福，因為思考是可以感受得到的，卻不是「思考」得來的。我雖然可以「想」一些讓我覺得幸福的事情，但只有「想」，無法發自內心深刻體會幸福是怎麼一回事。真正令人欣喜的情感，只能從內心去感受，而不只是在腦子裡打轉。

透過重新學習「感受」的藝術，讓我找到通往自己的內心，也追尋到上天對我說話的聲音。同時更深刻的感受自己。過程中，我也體認到，「我」和「自己」有著密不可分的關係：我和宇宙的關係愈好，我和自己的關係也會愈親密。對此，德蕾莎也曾表示認同：「最終全部都是你和上帝之間的事。」當你找到通往宇宙的那條路時，表示你也找到了自己。

歸結我追尋信仰的緣由都是一樣的。因為「下訂單」就是我通往宇宙更輕鬆的選擇，能在思考怎麼表達願望的過程中，察覺自己的靈魂真正想要的是什麼。我也可以因為宗教因素祈禱，並在那裡與我的上天相遇，或者最後我可以學習感受自己的內心，透過「感受」和一切產生連結。

這裡我要結束這一章探討「下訂單」、「祈禱」和「感受」三者的關係。當我沉浸在祈禱中，就可能幸運地在那裡遇見我所信仰的上天。如果我認真思考許願的內容，然後向宇宙下訂單，我想要的願望就可能實現了。如果我敞開心胸，開始感受，順利的話，很快就會與我的宇宙融合在一起。

那麼我該如何許願呢？對我來說，最有效的方式就是帶著很多情感祈禱。以下提供我的示範。

親愛的上天，

請讓我學習如何真正的祈禱，

並讓我學會敞開心胸，好讓我可以
再次感受祢。
讓我感應到那個
也是祢所希望的祈願。
我將我的生命交付到祢的手中，
讓祢引領我。
請讓我知道祢的計畫，
好使我追隨祢設定的目標，
讓我認清自己的私心。
請消弭我的懷疑、堅定我的信心，
讓我得以經由祢的愛
勇敢面對內心的恐懼。

〈我將我的生命交付到祢手中〉

我將我的生命交付到祢手中
讓祢引領我前行。
用祢仁愛的羈絆引導我，
在所有路上與我同行。

當我傾聽我的內心，
就可以感受到祢溫柔的撫觸，
那讓我得到安慰，感受到與祢同在，
如同躺臥在柔軟的玫瑰花瓣上。

祢平和地將我塑造成幼芽，

靜靜地從祢這棵樹上冒出來；
祢又從我這幼芽中不斷湧出，
承載我如同天上的木筏。
在這些幼芽中，成就了我，
幾乎沒有做太多事，
祢和我永永遠遠
溫柔而寧靜的存在著。
祢總是強壯而歷久彌新，
當我一度靜默地走過，
祢依舊發出如故的聲音，
成為我們恆久承諾的一部分。
如此，每個地方都有新芽
即使我消逝、

永永遠遠的離開，
也因為有祢的光明帶來勇氣。
因為祢有王者的氣度。
而我所做所為
從來冒失、無序，
但祢從不曾拋下我或低頭走過。
我們終會合而為一，從此以往，
時間和空間都無法拆散我們，
祢的愛在我心中輕柔地打著節拍，
只為了要在祢中識得我。

第五章

我和宇宙的關係

最高貴的祈禱是，
祈禱者將他曲膝跪下的動作，
轉化成內心的姿態。

——昂格魯斯・司理修／宗教詩人
（Angelus Silesius，一六二四～一六七七）

每天我身邊總有許多人來來去去，我和許多人都會產生所謂的關係，無論是家人、同事、鄰居、朋友或只是點頭之交。我與這些人互動、和他們說話。那麼我和宇宙之間又是怎樣的關係呢？我和上天之間的連結好嗎？這些關係也會互動交流嗎？偶爾我也會在內心深處跟祂們說話嗎？就好像我在內心招喚了祂們：而且只要我這麼做，祂們就能聽到我內心的聲音。

《向宇宙下訂單》出版不久後，就不斷湧現如何「正確」許願的討論。因為有些人下訂單之後，很快就得到回應；也有一些人無論怎麼努力，願望都無法實現，歸結原因，應該與許願的技巧有關。那麼，哪種技巧最好呢？

貝波兒在她所寫的《向宇宙下訂單》曾提過，為了早日遇到理想的另一半，她曾經向宇宙提出願望清單，當時顯然沒有成功。一開始她許願伴侶要符合九項條件，後來增加為十五項，後來她遇到的伴侶，雖然符合願望清單的所有條件，但是這段感情沒有維持很久。於是在尋找另一半這件事情上，從此貝波兒不再列願望清單了。

另一本我寫的《訂單沒來》，我也提過下訂單的人本身的內心想法、關乎訂單內容能否實現。如果下訂單的人自身的宇宙和他所提出的願望，無法達成一致，那麼再好的許願技巧也是枉然。所有的清單列表、儀式，甚至已經呈現在眼前的都可能失去力量。就像業餘天文學家，為了觀察星象買了最好、最貴的望遠鏡，但是使用前卻忘了閱讀說明書，甚至忘記把鏡頭蓋取下來，是一樣的道理。

我喜歡把宇宙比做自己最好的朋友。如果我們雙方的關係對等，那麼我的朋友也會願意協助我實現願望。再者，我們對彼此都很熟悉，默契十足，我甚至不用開口，他就可以從我的眼神知道我想要什麼。套用到我和宇宙的關係，就像我最好的朋友把關於我的一切都告訴宇宙。這樣的好朋友就是知道我心裡正在想什麼。我們的心可以不經書信往來、不用電子郵件，也不用撥打電話，或是透過其他通訊軟體，就可以相互交流。只要我們的關係夠好，我們的心就能彼此相通，歷久不衰，只要經由我們的情誼，彼此就能產生連結。

和宇宙的關係也是如此：宇宙會一直傾聽我們的訴求。宇宙是否注意聽我們說話的內容，與我們有關，因為我們內心的態度，決定我們和宇宙是否能建立順暢的溝通管道。下訂單時，我們會和自己的宇宙產生連結，如果關係夠好、溝通管道暢通，我們的願望就容易實現；反之，如果我們和宇宙的關係不是太和諧，那麼願望就不容易實現。試想：和你關係不好的人，你會想幫助他實現願望嗎？應該是不會吧。

至於我們和宇宙的關係如何，取決於我們自身。怎麼說呢？或許你還沒想過這個問題，所以我們就來做個小練習。

小練習：我和宇宙的關係

請將下列問題先寫在一張小紙條上：

我和宇宙是什麼關係？

我用什麼態度對待宇宙？

請用幾分鐘時間好好思考一下這兩個問題。你也可以將問題中的「宇宙」一詞替換成其他名詞，比如「神」或「造物主」。接著，請寫一篇與宇宙修補關係的祈禱文。

對我來說，「與宇宙建立關係、建立連繫」是祈禱文的主要功能。此外，與自己的宇宙對話，更是祈禱文的目的。

我承認，有很長一段時間我和宇宙的關係沒有很好。可能和許多人一樣，我也只是在祈禱中逃避現實，只有在自己真的過得很不好，或是遇上麻煩的時候才想到要祈禱。這類的祈禱時常帶著萎靡的低音沉吟：「親愛的上天，是祢把我踢進這團爛泥，祢要把我拉出來啊！」

當有這樣的祈禱出現時，顯然部分的我們認為，所有的問題都是命運的安排，甚至覺得上天沒有善待我們，都是上天的錯，才讓我們遇到問題。然後在心裡不悅地嘀咕，覺得上天離我們而去，如果愛我們的話，就不會打翻這鍋熱湯。這樣的想法，完全不認為問題與我們有關，只覺得我們如此渺小而微弱，迫切地需要援助。

寫到這裡，我不免想到德蕾莎修女說過的話，大意是：所有的問題之所以發生，其實都是點出我和宇宙之間的問題。每當我們遇到困難，就把過錯全推給宇宙，長此以往，我們和宇宙的關係怎麼會好起來呢？倘使我們擁有上天賜予我們的所謂自由意志，那麼應該在這段「猶如實驗室的生命」中，經歷適當的體驗。

如果我們與自己所信仰的宇宙出現問題，歸結到最後都會是我們的問題。這樣的情況下，面對宇宙時內心就無法表現出合宜的態度。在我論及「下訂單」這個議題的第二本書《感謝送來的一切》中已經提過，當我內心態度和自己的宇宙失去協調，那些過於自私的想法，以及霸道、傲慢的態度，對我的生命產生了很大的影響。當時我屢次在大學重要考試中表現失利、長時間找不到一般人認為安定的工作，就連平日代步的車子也壞了。之後我多次回想當時的遭遇，追究原因竟然是我內心態度不良，才導致當時一連串的挫折。所以，問題發生的源頭終究不在宇宙，而在我自己。

我將問題發生的過錯，推卸給宇宙或上天，其實問題之所以發生，根本就是我自己引起的啊！本書第二章介紹阿拉姆語版的〈天主經〉，提及在原始版本中並未出現「債」、「罪過」或「過錯」這樣的概念。然而，過去的我曾經與上天愈行愈遠，直到完全聽不到上天的聲音、再也看不見上天的光芒。於是，我只能一個人步履蹣跚地在黑暗中摸索。當時我失去了與宇宙的連結，如果要再找回與宇宙的連結，取決於我自己。當時我的祈禱文示範如下：

為找回與宇宙的連結祈禱

親愛的宇宙，

我已經離祢如此遙遠，

請指引我，如何走回祢身邊的路。

請在我心中點亮光明、照耀我，

讓我能克服對祢的愧疚。

請賜予我勇氣，讓我能再度走到祢的面前，

做為曾經迷路的孩子。

祢最清楚我如何敬畏祢，

那是深植我心的崇敬。

如果認為祢會就此離我而去，

那是多麼謬誤的想法。

請寬恕我的過錯。

因為祢其實一直都在我身邊，而且一直都在，不曾離去。

這裡我們可以看到，為什麼說「寬恕」有很大的力量。多年來，我在夏威夷傳統的懺悔儀式「荷歐波諾波諾」（Hooponopono）中擔任服事。我深信，發生在我周遭的外在問題，都與我自身的內在問題有關。我曾在「荷歐波諾波諾」儀式中，在心中提出這個問題，希望以此療癒內在的自我。果然在那之後，那些外在困難很神奇地消失了。過去幾年裡，已經有上千人體驗過這種生命中的難題，解除後的放鬆感。回推到中古時代，當時的神祕學家就已經知道，我們內心世界的感受，與我們周遭外在世界的經歷有著非常密切的關係。

只有在我內心健全的時候，才有可能轉化或消除把過錯歸咎他人的想法。（這就是癥結點所在）這些過錯的起因從來不在他人身上，只是我把它們投射到他人身上。他人並沒有錯，錯的是我的想法，因為我的想法誤導了自己，讓我以為，錯的是別人，其實真正要為問題的發生承擔責任的人，是我自己，而這點在「荷歐波諾波諾」儀式中就會得到釐清。

寬恕別人，就是寬恕自己

我將過錯推卸給他人，這些「他人」也可能是宇宙或是命運。當我為自己負責，承擔起自己的人生責任時，我的過錯就能得到寬恕。至於導致問題發生的罪責在我或在他人，都沒關係。這時我就能靠近他人，並從他人的言行中看到自己。你要知道，他人並不是厄運之神派來的，他們也可能只是被自己的思考所迷惑。就在我能意識到自己心中那個敵人的當下，宇宙就進駐到我心中了。

當我意識自己應當承擔的責任，同時覺察到了自己，如此一來，就能改善我與自己的關係，也可以改善我與他人的關係。另一方面，我周遭的每段關係都反應了我與宇宙的關係，因此我跟自己、我跟他人的關係改善了，等同改善了我與宇宙的關係，讓宇宙不斷地向我靠近。

「荷歐波諾波諾」這個古老的夏威夷懺悔儀式，帶來許多美好的新視野：內心的平靜、喜樂、友誼、與人合諧共處、得到救贖、獲得接受新事物的力量，以上提到的都只是部分好處。對我來說最具意義的儀式，莫過於拉近我們和上天／宇宙的距離。「荷歐波諾波諾」發揮類似特洛伊木馬的作用，撫平我們內心千瘡百孔的防護牆，漸漸地我們也能感受到「荷歐波諾波諾」儀式真正的用意。我們會發現，在我們之外，真的有某些力量與我們有所連結、傾聽我們內心的聲音。於是我們會瞭解，雖然「荷歐波諾波諾」儀式源於古老的傳統，卻是重新被發掘出來的另一種祈禱方式。

說到這裡，我們幾乎找到「下訂單」的起源了，**進行祈禱的過程中，其實也是在練習許願。祈禱的核心到底是什麼呢？不就是向更高的力量許願嗎？如果我們能調整自己，讓自己的頻率和這股更高的力量接近，我們的心聲就更容易被宇宙聽到。祈禱時，我們祈求一些事物，從這兩個字之間的關係看出：「祈」禱（Beten）就是「祈」求（Bitten）。而「祈」求就是許願，只是用另一個詞表達出來而已。**

許願意味著，在祈禱的過程中將自己的願望再次表達出來。

親愛的上天，
我相信，
我的生命中有善。
我也清楚明白，
有問題就有解答。
我堅信，
祢會賜予我解決問題的答案，
只要我謙誠地祈求祢，
並真誠的祈願。
請允我善德，
我會在祢浩瀚的善德中，邀請祢與我同行。
請賜予我和平。

祈禱時，我們進入自己的內心，在那裡認識到真實的自我。與自己內心的對話，可以讓我們和問題保持距離，從靈光一現的豁然開朗中，找到問題的突破點。英國作家奧斯卡・王爾德（Oscar Wilde，一八五四～一九〇〇）曾說過：「一位好醫生只知道如何讓病人維持在良好狀態，但是真正要治癒，還是要健康願意主動現身。」

到底是誰或是什麼，送來我們來所下的訂單、實現祈求的願望呢？這就好比我們從寬恕中學會設身處地為別人著想，就像和他人合而為一。在祈禱的過程中，我們也會與宇宙融合在一起。這時我們進入一個已經被遺忘許久的空間；在那個空間裡面，有一股在我們之外的力量，當我們許願祈禱時，就能喚醒那股力量。因此，神祕主義者說：「是人先創造了神，之後才有神創造人。」

祈禱時，我們會喚醒自身沉睡的那一部分。如同我們在許願時，也相信宇宙中有一種幫助我們的力量，正在傾聽我們的訴願。只要我們謙卑地順服於宇宙，我們便能利用這股力量；如果我們自私自利，這股力量很快就會消逝無蹤。這個認知只有少數人能像德蕾莎修女一樣體悟。她曾說，自己只是一條小小的電線，而上帝則是流竄過這小電線的一股大電流。

祈禱對今日的我而言，是邀請上天協助自己重獲新生。祈禱時，就像為了發現自身的新能量，把插頭插進插座，讓這股充滿神能量的電流流貫進來，讓我們甦醒。同時我們也發現，原來自己一直都是被宇宙眷顧的孩子。

〈被遺忘的天使〉

我心深處仍記得，
當我只是一縷靈魂的樣貌，
彼時在神的一體中尚未有「我」，
但是愛已經在那裡。
接著，我分離出來，
從與神的一體中。
對父母家充滿渴望，
因此誕生成為他們的孩子。

尋覓失去的幸福，
原來這麼早就開始了，
而我所行的每一步，

原來都只為了回家的路。

我在內心承擔著與祢分離的損失，
如漏洞百出的謊言。
而祢為我所做的，
從來我都不感到滿足。
我只是為了內心
自以為貧窮的空虛，
不斷尋求填補、
比如積攢金錢這類的俗物。
我覺得自己像一個小流氓，
總覺得別人擁有的比較多。

那是在一堆財富下，
我純粹而真實的光。

幸好我的靈魂還為我
帶來一點治療的力量，
如果我能藉此療癒自己，
那就是我的全新開始。

那麼我就能到處看到我自己，
如同靈魂識得我那般。
知道祢一直在那裡，不曾遠去，
也不曾離開過。

於是我的「自我」永遠消融，
回到了海裡，
從此不再覺得被遺忘
因為我從來都不孤單。

第六章

感受我們的心，問它要什麼

真正的禱告不是長篇大論，
因為禱告不是說很多話，
而是給很多愛。

——聖奧古斯丁／神學家
（Aurelius Augustinus，三五四～四三〇）

我們常在不知如何是好的時候，反覆琢磨、思量許久，卻不見得能得到答案。當我們想到頭疼、快想破頭時，開始保持沉默。保持沉默不代表就要無所作為。往往一靜下來，我的思考反而更清晰。我可以祈禱，也可以許願，希望面對的問題能得到一個好的解決方法；或者我也可以只是去感受我的心，問它想要什麼。因為心在說話的聲音總是如此微弱，只有在寂靜中才可能聽清楚它說的話。

有時我去拜訪隔壁的好鄰居，只為了和她喝杯茶。我們閒聊的內容多半是社區或學校又有什麼新鮮事，但幾個月前，我們坐在她家廚房閒聊的時候，她卻提到她婚姻關係受挫的事，也提及對丈夫失去信心。她提到其中幾件事情的細節（與本書內容無關），當時聽到那些話的我確信，不要對那些事情表示意見比較好。我的直覺告訴我，最好保持沉默。所以當時我是這麼告訴她的：「我不知道怎麼回應才合適，對於那些事我暫時先保留我的意見。」

當我就那樣回家後，我的內心卻感到些微沮喪。相較於我在研討會上，或在諮商時可以侃侃而談、針對問題給出建議，我卻只是傾聽鄰居訴說她的心情，而無法幫她出主意。但至少那時我的直覺告訴我，當下最好不要多說話。這樣的現象對我來說還是第一次發生，幸好之後我也確認，如果當時我提出任何建議，對她的實質幫助也不大。當她提到她的婚姻狀況時，我腦中盡是一片空白。她所說的內容，顯然我也幫不上忙。當下我突然有個想法，我想為她祈禱，希望她能盡快找到好方法，解決她與她先生之間的問題。

當時我的祈禱內容是：

親愛的上天，
我為眼前的女人和她丈夫
祈求祢的支持。
請讓這兩人重新發現彼此的好。
我相信祢，
相信祢必定能為他們找到好方法。
請讓這兩人能用「心之眼」凝視彼此，

讓他們重新找回對彼此的愛。
請降福於這家人。

幾天之後，我想起了那天和鄰居的對話，心中仍然感到有些愧疚。正當我一邊這樣想著，一邊打掃著我花園裡放工具的小木屋，那位鄰居剛好過來了，還對我表示感謝，謝謝我那天聽她訴說。她表示，當下有人傾聽讓她鬱悶的心情舒緩多了。我感到不知所措，接著馬上就想到，有時候真的不需要做什麼，只要傾聽、表達對當事人的理解，然後安安靜靜地為對方祈禱，希望事情能順利解決就好。最近一次和那位鄰居喝茶閒聊時，她的婚姻狀況聽起來已經改善很多了。

受到這次意外收穫的鼓舞，我充滿熱情地往這個方向繼續努力。之後每當有人來找我，希望聽我的建議，我就先問自己的心在想什麼。如果我的心希望我保持沉默，那我就最好不要表示意見。但我還是會關注對方說了什麼，並對他表示我能感受他的煩惱。接著，我會針對困住對方的不同主題為對方祈禱。在接下來的章節中，我也會針對生命中不同情況下遇到的難題，分別介紹幾篇適用的祈禱文。

有時我會在祈禱後馬上感受到鼓勵，或者在心中得到解答。有次在我的諮商時間裡，來了一位事業非常成功的女士，她在一家有兩百名員工的中型企業擔任高階管理職。她來諮商的原因，主要是感覺到不受上司的尊重。她希望能獲得上司更多的肯定與賞識。她的上司甚至形容她就像是就是學校校長，早就該退休了。這位女士覺得她多次提出很好的提案，卻得不到認同，因此認為自己不受上司重視。

當時我沉默了一會兒，然後開始祈禱：

親愛的上天，

請扶持我。

請幫我，為這位女士、也為她的上司和這家公司，

找到好答案。

請讓這兩人能找到良好的共事方法，

讓他們在事業上共創豐碩成果，

如此也是公司與所有員工之福。

那次當我還在心中這樣祈禱時，我就已經感受到我的心已經順服了。我感應到那位上司的堅強，感受到他數十年來付出的心血，只為了讓公司能一次又一次挺過競爭對手的競爭，讓公司鴻圖大展，期間還要不斷地解決各種大小問題和幾次經營危機，幾乎可以說，這家公司就是這個人一輩子最大的成就。當我有這樣的感應，一時之間我竟然對那位上司油然生起敬佩之情。

那次我把我感應到的內容也告知那位女士，那位女士意識到：原來她抱怨上司不夠看重她，其實她也是這麼對待他。這位女士極度渴望獲得上司的肯定與認同，無論怎麼做，似乎都無法讓他滿意。她非但看不見上司過往的成就，反而認定他只會犯錯。這位女士針對上司做過的錯誤決策，不斷地提出她自認為更好的對應方式，並認為她提出的一連串對策，都應該一件件被記在功績簿上，成為她肯定自己能力的證據；這位女士的做法，卻很有可能讓她的上司留下負面印象，覺得下屬認為他無能。

她自己也認為，有時上司也覺得被她侮辱了吧。

我們很快地就找到解決方案了。她開始練習恭順的態度，同時學習與上司意見相左時保持沉默，或是換方式回應。另一方面，當她面對問題時，也會向上司請教，而上司也樂意從他自身豐富的人生經驗中給出珍貴的建議。此後兩人之間就建立起良好的溝通管道，她也在一段時間後得到上司的高度認可。後來這位女士告訴我，在過程中她學到了，她最缺乏的認同先要讓上司感受。這樣之後上司才能回應她。

我總認為，許多涉及兩個人之間的問題，歸根究柢都與尊重和認同有關。因此，面對那些對我不友善或不尊重我的人，我認為最簡單的方法就是先給這些人我所沒有的。我承認，一開始這樣做或許不合理，有可能這個人本身就不是那麼認同自己，所以我應該先表現出我的自我價值。然後他才有能力回應我，也就是在所謂「借」的基礎上，我先表現給他看。最終那都是人性的範疇，如果我尊重別人，那麼別人會以尊重的態度回應我，一如我喜歡稱讚我的人，因此希望他過得好。

我還想分享另外一個例子。在一次研討會上，有位女士來找我，詢問她該如何與她丈夫相處。因為她的丈夫面對物品有取捨困難，往往一件東西擱著就經年累月放在那裡，把家裡弄得一團亂，讓她再也無法忍受和丈夫同住一個屋簷下。

當下我無法馬上給出建議，所以請她給我一些思考的時間。於是我又問了自己的心，整個人陷入沉默當中。那時我做了以下這番禱告：

親愛的上天，

請關愛這位女士與她的丈夫。

她的丈夫過於依戀所擁有的東西，

以至於無法捨棄任何一件物品。

請仁慈的祢賜給這兩人智慧，

讓他們找到解決辦法。

我為此祈求祢。

當我在內心進行祈禱時，我感受到這個男人內心的空虛。我不只感應到他的感受，同時也感受到他內心的恐懼，害怕自己做得不夠好。這麼說來，他緊緊抱著他所擁有的物品不願放手，不正是為了填補內心的空虛，和補償害怕自己做得不夠好的恐懼反應嗎？

對這樣一個人來說，他所擁有的東西都代表了他身分的一部分。因此要他捨棄，會讓他感覺像失去自己的某部分：這樣一來，反而更突顯出內心的空虛；因此透過囤積物品轉移對自身缺陷的注意力，進而覺得人生有意義。

當我向那位女士轉訴我所感應到的，她對我的說法表示贊同。她表示，因為她丈夫的諸多缺陷和問題，有時甚至覺得自己比丈夫更好。相較於丈夫，她面對問題反而能適度切割、是讓自己過得更好的那個人。

我們很快地就得到結論，如果只是討論她丈夫的缺點並不能解決問題。所以我們的對話也慢慢地轉移到談論他的優點。比如：他心地很好，對人謙和有禮而且很體貼。如果撇開他的收集癖不看，他們居住的環境，比如花園、廚房和客廳等很多地方，其實都整理得頗乾淨。**當我們評論他人的缺點時，往往故意對他的優點視而不見，這正是我們要注意的地方**。

研討會來找我諮商的女士也察覺到：如果她想幫助她丈夫，卻只將焦點放在他的缺點，問題將永遠無法改善。因為帶著責備的心態只會讓缺點不斷放大，而那些缺點顯然是他讓人感覺髒亂最主要的原因。這個問題的解決方法，與前文提過的高階管理人和她上司的例子很類似：那位高階管理人必須學會認同與尊重她的上司，這對夫婦也是同樣的情況。

瑞典有句諺語：「想要一個國王成為丈夫，就必須把自己的丈夫當國王一樣看待。」相反的，如果只看另一半的缺點，不斷地指責他，只會把對方變成乞丐。

我很喜歡拿開車這件事來做比喻。如果我不斷指責另一半的缺點，或過去所犯的錯誤，就像開車直盯著後視鏡看。這樣一來，我只看到另一半當時的模樣，而在我的影像中，「當時」指的就是已經成為過去的部分，我糾結的幾乎都是另一半過去所犯的錯誤。

如果我希望自己所處的世界能夠變得更好，就應該從改變自己開始。假若開車總看著後照鏡，就很難確認自己想要前往的方向，而且以這樣的方式開車，難保早晚不發生意外。可想而知，不會有人故意用這樣的方式開車。如果是這樣的話，為什麼人要以這樣方式生活呢？

我想過什麼樣的生活？我的另一半有哪些不足之處？我如何看重、珍惜對方？不如就讓我們以此為題進行祈禱。

（以下範例，你可以改換成自身狀況，讓它成為你個人專屬的祈禱文。）

與另一半感情發生問題的祈禱文

親愛的上天，

祈求祢幫助我。

我和另一半正遇上大問題。

請在這個難題中為我們指引一條出路。

請讓我們重新找到對彼此的愛。
請讓我們和解並寬恕彼此。

我以這樣的方式禱告一段時間之後，不免想起之前在佛學禪修中心的一段經歷。過去連續幾年，每個星期天我固定到卡爾斯特（Kaarst）①參加冥想課程。某次有一位韓國高僧來訪、進行了幾次演說。其中一次，禪修中心組織管理團隊的女士致詞過於冗長，但畢竟是在禪修中心這樣的場所，也不好說什麼。當時加上當時我們已經坐在地上幾個小時了，包含我在內的幾個在場人員，都顯得有些浮躁不安。

即使那次的經驗讓我的雙腳痛了好長一段時間，但是那位高僧的反應，卻讓我印象深刻：冗長的發言中，那位高僧一直祥和專注地坐著，看起來非常輕鬆自在。或許當下他正趁機與真實的自我合而為一也說不定。與其像一般人，可能為了預期之外的情況生氣，或表現出焦躁不安的模樣，那位高僧反而做起「讓自己沉浸在其中」的練習，真可謂是一尊活菩薩。後來，我偶爾會把那次的經歷當做冥想的契機，他泰然自若的氣度深深地感動了我。

那位高僧讓我想起佛陀曾說過：「沉默是最響亮的語言。」是的，那位高僧讓我印象深刻。他是如此沉靜，好像他身邊即使出現再荒誕不羈的言論，都無法干擾他一樣。因為他內心的祥和之氣如此強大，任誰都無法撼動。某種程度上，他的存在根本無法讓人視而不見，即使他的沉默只是安靜無聲而已。

當有人以這樣的方式陷入沉默時，這樣沉默姿態會讓他散發一股特殊的吸引力，而這股沉默的影響力可以及於每個人，也就是佛陀說的，「最響亮」的「沉默」。同樣的，沉默就像一道從遠處傳來的聲波，在這位高僧的身邊擴散開來，而且這道沉默的聲波強烈到足以滲入所有與會者的內心。我們就姑且將這道沉默聲波的震盪，稱之為「靜默空間」（Raum der Stille）吧。

沉默有很多種。那天當那位女士進行長篇大論時，又接著離題跳到另一個話題，堂上所有人突然安靜了下來，我想這些人的內心肯定不平靜。至少當下我的思考就飄離了，想著晚上我要煮什麼，又想著我的車好像該洗了，也想到上次去度假發生的

譯注① 位於德國中西部的市鎮，距作者居住地六百多公里。

事。當下的我雖然默然無聲，內心其實並不平靜，因為我的內心正不斷叨叨絮絮地說著許多事，我內心的空間滿是渾沌的思想，可以說離我自己的「靜默空間」遠得很呢。但是今天的我，很熟悉自己的「靜默空間」了。那麼，我又是如何進入這個「靜默空間」呢？不外乎經由祈禱。

現在祈禱儼然是我找回內心平靜最好、最可行的方式。與其讓自己受到外面世界的影響，甚至失控，不如離開當下的環境，走自己的路、自己做決定：我要被激怒而做出生氣的表現嗎？還是跟自己在一起，然後進行祈禱，會是更好的選擇？無論如何，選擇權在我手上，沉默中，我就能自己決定要讓自己的心往哪個方向發展。

當時我從那位韓國高僧身上體悟到，讓自己沉靜下來的方法，那種方法並不會讓人感到壓力。完全不會！這種沉靜像是對每個人展開雙臂表示歡迎的禮物，每個人都可以愉快地拆開這份禮物。

祈禱，可以帶來內心的平靜

唯有內心平靜，才能進行深刻的祈禱。內心平靜與祈禱無法切割，因為兩者如此接近，因此要帶著平靜的心禱告。

親愛的上天，
請賜予我安和。
此時此刻我的內心如此不平靜與慌亂。
請幫助我
平撫我的內心，
使我心平靜，
撫慰我緊張的思緒。
請引領我到祢的靜默中，
這樣我才能在祈禱中找到祢。

我常用觀察呼吸的方式來幫助自己進行冥想，這也是專注在自己身上、並找到內心平靜最簡單的方法。以下的冥想練習，就是讓呼吸幫助我開啟通往「沉默的空間」的大門，並讓我與之產生連結。

【冥想練習】我的靜默空間

請安靜地坐在預先為冥想所準備的位置上，這個位置可以是一張簡單的椅子，也可以是一張坐墊。請閉上你的雙眼，以非常放鬆的心情進行幾次深呼吸。

進行深呼吸時，請專注在呼吸這件事情上，好讓你自己與平靜產生連結：「**我將平靜吸進去、再將平靜呼出去。**」用幾分鐘的時間來重複上面這個句子。

用心專注在呼吸上：「**我吸到我心裡來，再從我心裡呼出去。**」

接下來的幾次呼吸吐納，重複上面的句子。

接著將兩個呼吸的順序結合在一起：「**我將平靜吸進我心裡來，再將平靜從我心裡呼出去。**」以這樣的方式進行幾次深呼吸。

最後問自己以下兩個問題來結束這次的冥想練習：

- **你現在感覺如何？**
- **你在自己的『靜默空間』裡時，感覺如何？**

此外，當我想與自己的心產生聯繫時，讓自己平靜果然是很有效的做法。本章提過的幾個經驗，我都提到當下讓自己的內心平靜，好讓自己順利祈禱。就我過去和現在的經驗，往往因此感受到和當下問題有關。那就好像，我的心在尋求解答，然後就得到答案的感覺。在平靜的狀態下，我的內心可以如此安寧、和緩，有時甚至覺得像在跟自己的心對話。在下面的冥想練習中，我鼓勵你去探尋你心中的祈禱應該是什麼樣子。

【冥想練習】我心之祈禱

坐在進行冥想的座位上。一開始，先做一個簡單的深呼吸。用力吸氣，有意識地把吸進去的空氣完全吐出來。接著做前一頁的冥想練習，再次走進「靜默空間」。

現在將你的雙手擺在心臟的位置，用心去感受那份有形的平靜，感受和你的心產生連結。去感受心臟的溫度，與它完全連結在一起。現在就讓自己完全沉浸在這份平靜當中，然後問你的心：

- 我想祈禱的內容是什麼？
- 現在我心中最牽掛、最想為它祈禱的事情是什麼？

感受你的心跳、傾聽它想祈禱的內容。幾分鐘之後，結束這次的冥想練習。如果可以，就寫下你的心想對你說的話。

同樣的方式我們也可以問自己的心，對它來說，最重要和最迫切想要實現的願望是什麼。進行上述的冥想練習時，換成想問的問題便可。

【冥想練習】我心之所願

借助深呼吸和你的心產生連結。將空氣吸進你的心裡，同時也將平靜帶到你心裡。重複幾次「將平靜吸進心裡，又將平靜吐出去」的深呼吸。

現在將你的雙手放到心臟的位置。感受那股溫度上升的感覺，讓自己完全與心連結在一起。在這份平靜中問自己的心：

- 我的心啊！你最大的願望是什麼？

接著讓這個問題在你心中升起。可能需要一點時間，有點耐心，有時候這個願望會以一種感覺、一段字句，或是一段回憶的形式出現。

幾分鐘之後，結束這次的冥想練習。那麼，你覺察到你的心想和你說什麼了嗎？

安娜・圖雪（Anne Tusche，一九六七～）②有一篇以德文寫成的祈禱文，我認為非常適合在探尋內心願望時聆聽，那篇祈禱文中有幾句是這麼寫的：「平靜啊！請過來，讓我心得到安寧[11]。這首歌的樂譜連同圖雪的其他作品都收錄在名為《祢可以聽到我的聲音嗎？》（Hörst du meine Stimme?）的歌本中[12]。

譯注② 集歌唱、作詞與編曲等多項才能於一身的德國心靈音樂家，個人網頁及音樂試聽請見：http://www.annesongs.de。

〈平靜〉

平靜就在
「存在」的聲響之間，
平靜的氣息乘載著永恆的請求；
「來吧，邀請我向你走來。」

你的心在葉片的摩娑聲中跳動著，
你的心在如鏡面般的湖面上鼓動著，
平靜就是心亂如麻的日子裡的救星，
平靜也是融雪後最滾盪的流水聲。

平靜是健行道錄上的好朋友，
是風與海的好夥伴，
即使被所有嘈雜環繞著，

都難以入耳。

平靜就在溪流飛濺的水聲之中，

也在樂音的休止符裡，

只能從耳中窺見清醒的自己，

平靜的時間往往短多於長。

只有在那裡我方得到安寧與祥和，

平靜啊，我何時才能找到你，

是你告訴我那顆升起的幸運星，

只要我們能安於自處。

平靜啊！你是所有道之所宗，

也是通往我自己的道路，

所以我如此珍視你，

因為我總能在你那裡找到安置自己的位置。

你所在的地方是虛空，
你所在的位置是光明，
所以就讓我靜靜地仰望你，
在你那裡，所有一切都能得到安歇。

你也是通往泉源的大門，
自始以來不斷湧出泉水，
而敞開的心就是
你偷偷駐留的所在。

所以就以安寧充滿我心，
好撫慰我的靈魂，

讓我能靜靜地沉浸其中，
航行你引導我所為的。

第七章

愛的空間

全世人面對命運感到陌生，是因為他們與內心的連結對他們隱藏了起來。但是，靈魂畢竟涵蓋了所有他們即將體驗的經歷，這些經歷都只是向外投射的想法獲得實現的結果，而我們總會得到向自己祈求的東西。

——愛默生／美國文學家
（Ralph Waldo Emerson，一八〇三～一八八二）

「愛」是世界上最重要的東西，人窮盡畢生的時間在追尋它，但是我們對「愛」的理解仍然不夠，當然也就不會知道，原來「愛」還蘊藏了多數人未知的力量。我可以透過「愛」與我周遭的世界產生連結，並藉此以全新的方式去感受其他人；憑藉「愛」，我還可以與自己產生連結，並且找到潛意識裡連自己都沒察覺的「自我」。在「愛」裡，我可以發現自己尚未認識的那個「自我」，並進入過往封閉的內心世界。

我到底是誰？我發現「愛」就能為我解答這個疑問——只要我準備好走向「愛」那一條路。說到這裡，讓我們再來看一下前一章提過的「平靜」。為什麼「平靜」如此有力量？「平靜」會在哪裡發揮作用？

上一章幾個冥想練習的目的，是要讓你學習去感受自己的「心」想對我們說的話。這個內在的聲音其實不斷地對我們說話，只是多數人常常忘記去傾聽，因為內在的聲音太細微，因此只有當其他更大的變動平靜下來的時候，我們才能感受它的存在。也就是只有在沉靜中，我們才能將注意力轉移到這股力量上，而這股力量也會出現在我們祈禱、或「下訂單」的時候。

這股力量悄然無聲，因為它已經知悉所有問題的答案，因為內心的平靜就是智慧之源，經由我們的心，我們就能接觸到這個最高層次。因為智慧無須像理智那樣，隨時顯露自己的才能，讓人知道它會什麼、知道什麼。一旦到達智慧的層次，就是最純粹的「知」了。

這股力量完全與「現地」、「現時」連結在一起，安靜無聲。如果我讓自己完全靜下來，就能與這股平靜的力量結合在一起，猶如知名心靈導師艾克哈特．托勒（Eckhart Tolle，一九四八～）所描寫的，在那個當下，我就可以掙脫平時束縛著身體、思考，或感受的自我意識鎖鏈。此外，在平靜的狀態中，我也能將意識延伸到平時閉鎖起來的部分自我。在這個我，經由自己的心達到更高的層次，就有一些，比如：安全感、受到保護、溫暖、和平、滿足，或是「愛」，這些安適、幸福的感受在等著我。透過「平靜」的力量，我就能夠可以進入內心「愛」的空間。

道教中經常提到「無」的概念，認為世間所有的一切，無論是曾經存在或現在存在的，都包含在「無」裡面、或由「無」這個概念而生。從許願的經驗中，我們已經瞭解到，當心中有愛、心存感恩時，我們許下的願望最容易被宇宙聽到。在《訂單沒來》裡面，我已經提過，這對我來說，無疑就是宇宙常存於「愛」裡面的明證。我們幾乎可以說，宇宙就是「愛」了。發自內心許願時，因為有「愛」，就有可能達到和宇宙相同的頻率。在這樣的當下，造物主就能看到和感應到我們。經由「愛」，我們就能進入宇宙發揮作用的那個空間，因此宇宙的作用就能及於我們，幫我們實現訂單的願望，回應我們內心最深處的祈禱。

神祕主義信徒中流傳的一句話就點出這點，並把「愛」與神結合在一起。

上天是愛，而愛就是上天

透過「愛」我們就能夠上天產生連結，而許願這件事只是將這個事實的一小部分呈現出來而已。這也告訴我們，只要關注自身天賦的根源，就會發現和宇宙建立連結的可能性。只要我們心中有「愛」，就能回應宇宙對我們的「愛」，而這種「愛」的表現方式之一，就是幫我們實現願望。但更重要的連結是：當我們心中有「愛」，就能找到我們信仰的神。

如果願望能夠被實現、如果我心中有「愛」，那麼我發自內心、用「愛」與感恩的心所做的祈禱，更容易得到回應。感恩的心出自於我內心的「愛」，如果我常對周遭的人、事、物心存感恩，同時也是對我的上天表達感激。倘若我真的感謝我被賦予的這段生命，覺得那是上天給我的恩賜，那麼我就真的是在「愛」裡面了，無論是對我自己、對我周遭，或對我的宇宙。第二章提及艾克哈特大師曾說：「如果『感謝』是你唯一一次做過的祈禱，那也就夠了。」如果我能對包含生活中所面臨的問題，以及個人危機在內的所有一切都心存感激，那就是與我的上天一起創造了和平。而且祂還是一個良善的神，我也是良善的了，不僅良善還正直，是上天所眷顧的孩子。

基本上，〈天主經〉可說是對造物主獨一無二的感恩祈禱文。若單單只是表達感謝之意，可以進行像下方這樣的祈禱：

感謝祢，親愛的神，我在天上的父。

感謝祢，創造了這個世界。

感謝祢，無時無刻的存在，
並將良善帶來這世上。
感謝祢讓我看清，
並總能識得祢。
感謝祢照養我的身、心、靈。
感謝祢的引導。
感謝祢對我的好，
感謝祢讓我得以成為被祢眷顧的兒女。
感謝祢賜與的生命。
也感謝我生命中遇到的那些問題、
那些在祢的協助下得以解決的問題，
並讓我因此識得祢。
感謝祢！

德語的「神」（Gott）這個字來自於「良善」（gut），從英文的「神」（god）和「良善」（good）這兩個字，更容易看出兩者接近的程度。因此，我們藉此可得出堪稱祈禱文中最美的句子：我讓良善經由我來到這個世界，因為，「神」就是「良善」。

藉由祈禱的方式，將良善帶到我的世界來

我與無時無刻不存在的良善結合在一起，也因此將良善帶到這個世界，而祈禱時，某種程度上就如同孕育著良善，這時我等於扮演了「父與母」的角色，既生出新的良善，還有我祈禱的內容。所有的一切都如其本來面貌一樣善良。於是，我滿懷感謝，感謝一切就像它該有的樣貌。

我們在前面的章節探討阿拉姆語版〈天主經〉時，曾經提到母性化與女性化的神的概念，這裡又再次出現。良善會經由我的祈禱被帶到這個世界，當我心中有愛，對我生命中的一切充滿感謝時，更容易將更多的良善帶到這個世界。就如同身為母親的人，無條件愛自己的孩子一樣，就算孩子犯了錯，做母親的也會毫無保留地愛著他。

神對我們的愛也是這樣沒有條件、毫無保留的愛。

所以對我來說，祈禱有如經由我的意識攀登上天，目的是為了來到上天取下「良善」，將「良善」帶到人間。祈禱時，我就如同延伸到上天的一座溜滑梯，一座能讓「良善」順勢滑落人間的滑梯，也像是輸送包裹的管道，將我下的訂單送到人間。

於是，當我充滿愛與謙遜的祈禱，就能把自我的力量發揮到極致。就好像我終於從睡眠或躺臥的狀態中甦醒，即刻站得直挺挺的樣子。這裡所說的「甦醒」（Aufstehen），猶如聖經中耶穌曾經歷過的「復活」（Auferstehung）。偶爾祈禱時，也能讓我在最短的時間內到達上天，甚至前往日常生活的意識狀態下，不會注意到的地方。我將這部分的自己稱做「復活體」（Auferstehungskörper）。

相較於形式上看得到，有眼睛、耳朵以及四肢等肉體，做為人時，我是與許多其他的「身體」「合住」在一個軀殼裡。因此，我的意識就可以進到自己還未覺察、隱藏起來的地方。關於這部分，我想在這裡簡單做個介紹。對我來說，這些不同的層面，如同我內在有不同的房間；我雖然住在這些房間裡面，卻不認識，或對它們不夠瞭解。透過祈禱，我就能開啟這些不同的房間，有機會更瞭解自己。

接下來的介紹剛好可以說明，我內在有幾個房間的這個模式，為什麼能讓某些願望容易被實現，而某些願望卻非如此。對於即將讀到的內容，現在的你是否充滿期待？我誠摯地邀請你來到我內心的幾個空間，進行一趟小旅行。

●「肉體」

第一層就是我們看得到的軀體。這裡我想稱之為「肉體」（Der Fleischkörper），這部分是由肌肉、筋骨與器官所組成。這部分也可以說是我們在自我這棟房子裡，認識最多，同時也是我們最明確定義的一個房間，相當於「客廳」。平日的時間裡，我只能意識到這個看得到的軀體。我會清洗它、呵護它，為它穿上衣服。我吃、喝供給這個身體所需的營養，我也會用它，可能也給它足夠的睡眠。這個「肉體」存在我軀體內的幾個「身體」中，是唯一我能用手撫觸到的部分。

●「精神體」

生而為人就有理智。這個是我或多或少意識到的第二個層面，其特點就是能夠思考。這個「精神體」（Der Mentalkörper）活躍於腦部的運作，它會思前想後、會做決定、審度、評估、判斷，並且蒐集知識。我可以在這個「精神體」的協助下，有意識地理解這個世界。空間上，「精神體」雖然超越看得到的驅體，但是兩者相距不遠。「精神體」與其他「身體」部位一樣，只能感受，卻不能用觸摸去感覺它。如果要看到這個「精神體」，也並非沒有辦法，比如透過「光譜攝影」（Aurafotografie）的方式。

●「能量體」

我的驅體有溫度，能讓我活動於世界中，為了產生動力，就像驅動汽車一樣，需要有能量，也像是蒸氣驅動的車輛，需要燃燒煤炭才能動起來，我的驅體也不斷需要進食才能動起來。中醫的針灸療法講求所謂的經絡，認為人體內的能量體（Der Energiekörper），就是在這些經絡之間流動著，而針灸的目的，就是讓堵塞的經絡再次暢通。傳統中醫的健康理論，把這種生命能量稱做「氣」。經由「太極」這類特定的鍛鍊，強化人體內的生命能量，並讓這些生命能量順暢地在人體內流動。

●「覺知體」

我的身體還能感受和覺知。倘若我們終日不斷地思考，在思考的同時，也不斷在感受思考的內容。有時我們能覺察到這些感受，有時不能，但是潛意識裡面，我們卻不斷進行「覺知」這件事。只是我們往往過於專注思考，以至於容易忽略了「覺知」這個層面，所以我們必須有意識地開啟它。至於方法，可以像第六章提及的那樣：傾聽內心的聲音。

「覺知體」（Der Gefühlskörper）的感受作用，能超出有形軀體幾公尺遠的距離。它的指揮總部就坐落在我們的「心」，在那裡不僅可以量測出電磁場，也能讓其他人具體感受。經由「覺知」我們就能與世界產生連結，感受這個世界，覺察他人的感受。

●「愛體」

當我們內心有「愛」，我們的覺知空間就能延伸到更遠的範圍。基本上，我們的「覺知體」讓我們擁有與世間萬物連結的能力。當「愛」湧進「覺知體」，就能喚醒「愛體」（Liebeskörper），而有「愛」流過的「愛體」就有光明，可以照亮其他未知的空間。在我們內心這座房子裡，還有許多我們不知道的房間呢！在「愛」的幫助下，可以克服那些將我們與周圍環境隔絕起來的障礙。「愛」，可以延展我們對周遭的意識與感受。「愛體」能賦予我們個人魅力，讓別人注意到我們的存在。接下來要提到的其他內心空間，唯有當我們內心有更多的「愛」，才能進入到那些空間去體驗它們。

●「復活體」：又稱天使體、基督體

當我們完全帶著「愛」祈禱，許多我們還未知的內在房間，就會對我們開啟大門，我總稱這些內在的房間為「復活體」（Der Auferstehungskörper），這些房間的共同點在於，唯有沉浸在與造物主之間的對話才會出現。也就是說，祈禱等同於通往這些房

間的鑰匙——不論我憑藉的是「天使體」（Engelkörper），祈禱的對象是天使長米迦勒（Michael）①，或是天使加百列（Gabriel）②，或召喚的對象是耶穌基督或聖母瑪利亞。無論如何，祈禱的時候，總能與自身未知的部分產生連結，而這部分的力量，比我所能想像的都強大。

巫醫在旅行或進行醫療行為的時候，就是利用這個「復活體」。我的理解是，當我們祈禱的時候會觸動到靈魂層面，而這個靈魂層面又是我們直接通往造物主的管道，因此巫醫的作用就有如開門的人，他可以讓前來求助的人與自己的「復活體」產生連結，並以此讓天堂的力量在這個求助者的內心發揮作用。

就「向宇宙下訂單」的角度來看，每個「復活體」都有極為個別性質的願望。相較於「肉體」安於終日飲食與睡覺，滿足我們的基本需求；「精神體」則蒐羅知識、對我們經歷的事物加以評估，並且能夠思考，對於與外界的連結感到愉快，希望與人交流；「能量體」則讓我們充滿精力地活動著；「覺知體」則將不同的願望，暫時加以分門別類保存起來。我們的軀體裡面這些比較初級、比較低階的幾個「房間」，維

譯注①可參考米迦勒《啟示錄》十二：七～九。
②可參考加百列《但以理書》八：十六、九：二一，及《路加福音》一：十九、一：二六等。

持了我們人類最基本的需求。

至於「身體」中層次更高的那部分，則要在我們對自身的靈性需求有所覺察的時候，才會開始出現。在俗世裡，我們的靈魂想要什麼？「愛體」與「復活體」的想望，遠遠超出世俗的觀點，只有當我們內心平靜的時候，「愛體」與「復活體」才會在我們內心顯現出來。

說到這裡，所謂的「需求」基本上就無異於「願望」了。如此一來，宇宙勢必就面臨一個難題：如果一個軀體內的不同「身體」各有各的願望，那麼宇宙該如何應付那麼多的訂單呢？

倘若我「肉體」的願望有最高優先權，難免沉溺於這個層面的享受，於是不免出現手裡握著電視遙控器、賴在沙發上大吃大喝的情境。難道這就是生命的深層意義嗎？我不認為。幸運的是，我們的宇宙也是相同的看法。因為上天已經為我們勾勒出更多、更美好的事物啊！

宇宙會優先實現我內心最高層的願望

在軀體內幾個不同的層次，「肉體」可以說是其中的最底層。「肉體」之上，依序有：「精神體」、「能量體」，以及「感知體」。此外，還有與靈魂直接相通的「復活體」。由於「復活體」直接與靈魂連結在一起，所以「復活體」的願望有優先權。

因此，愈是發自內心的願望，就會比純粹出於理智的願望還要來得有力量，因為這些發自內心的願望，來自於更高層次的「身體」。我們心中有愈多的「愛」，我們的「愛體」就會獲得更多的力量，因此我們會更清楚自身的靈魂想要什麼。此外，層次愈低的「身體」與我們的「自我」（Ego），就有更加密切的連結，這樣一來，層次愈低的「身體」許願的力量就愈薄弱。這是因為「愛」可以昇華我們的願望，但「自我」卻會阻礙我們與「愛體」的連結，好比一匹被馴服的野馬被套上馬鞍一樣，我們的靈魂層面就如同馴服「自我」的騎士。

祈禱的時候，能開啟我們更高層次的心靈空間，而層次愈高的心靈空間，受到「自我」的影響就愈少，相對地受到我們靈魂的支配就愈多，這裡所說的靈魂，對我而言意義等同於造物主。因為「自我」過於膨脹與狂妄，以至於無法進入我們的「復活體」裡那座「升降梯」。假以時日，「愛」也能從「自我」中找到空隙，直到「自我」有所改善，才能進入「復活體」的「升降梯」。為公平起見，生而為人的我們仍然需要「自我」，好讓我們的意識有所依憑，一旦沒有了意識，我們的內在也無法成長。此外，意識應該明確定位為「在這世上為我們的靈魂服務」的角色。

另一方面，我認為與「自我」最密切相依的「肉體」也很重要，因為「肉體」就像讓我們的靈魂得以行走在這個星球上的太空衣。所以幾乎可以想見，那些沒有「肉體」、無法體驗人在這世上經歷的眾天使們，大概也會忌妒我們這些渺小的人類吧。當我們心中有愛，無論以祈禱的方式，或只是心中正好充滿喜樂、想要這麼做時，只要我們邀請這些天使來到我們心中，他們該有多開心。

靈魂層次較低的幾個「身體」，在「愛」裡面依序排列並非毫無意義。比如，我們馴服了「自我」，從此馴養它，在「愛」裡其他層次較低的，因此有了層次較高的欲望。不同的心靈空間不再互相競爭，而是彼此交互滲透，使得人因此在更高的意義上臻於「完整」。從此，人才可以說是「完全」住在自己的心靈空間裡，清楚意識到自己內在這座房子的存在。

今日我所理解的祈禱，就如同我走進一個內在房間，在那個房間裡才發現，原來自己一直以來夢寐以求的都在那裡了。僅僅是因為我祈禱，我所嚮往的事物就在那裡了。如果我對這些事物不存念著想，那麼我也就無法為它們許願或祈禱。在《訂單沒來》中我曾引用德國文豪歌德（Johann Wolfgang von Goethe，一九四七～一八三二）的話：「願望既是我們對自身能力的預感，也是我們能達到目標的前兆。（中略）我們往往渴望得到我們已經默默擁有的。」

於是，這裡我們又回到「平靜」這個點上。在平靜中，當我們的思考保持靜默，我們才能知道自己是誰、會什麼，而那些我們感到不足的，其實已經在我們的內心。良善，早已悄悄地在我們內心萌芽，靜待嶄露頭角的時機，而祈禱就如同往這顆小種子上澆水，我心中的愛則是「良善」這小生命的培養土。上天給予我祈求「良善」的靈感，又將「良善」帶到人間來，並且給予「良善」生長所需的養分。

〈向我心致敬〉

心啊！祢是我愛的泉源，
我的心啊！祢就是我的愛。
我對祢隱藏的，或推諉給祢的，
祢總是為我祝福。
所以我在祢面前低下頭，
在祢面前彎下腰，直到額頭碰到了塵土，
夜晚時，祢是天上發光的星斗，
只要我深深地信服祢。

我感謝祢，我的心之門，
感謝祢，讓我在愛裡面找到祢。
祢乘載了滿滿的和平與喜樂，

引領我走向我的應許之地。

是祢，是愛，改變了我的生命，
我總是把憂煩帶給祢，
而祢卻仍然傾盡所有的付出，
為我指出心中的天堂。

我愈在愛中呼喚祢，
祢的回應就更多。
祢是通往幸福的天堂之梯上，
一級級的階梯。

祢的聲音像山雀的鳴叫，

在讚美的歌聲中，
以各種方式宣告真理。
祢的聲音有著神的語調。
祢會顯現在樺樹的摩娑聲中，
或在杉木的香氣之間。
祢是所有人的友伴，並且不斷歌唱，
直到所有人都能聽到祢的歌聲為止。

因為只要有人在內心平靜時
聽到祢的招喚，
過往在天堂的記憶，
就會在那人心中再度被喚醒。

到那時，天使就會在人間歌唱，
他們成群從天堂下來，
讓所有的不完美
也都綻放耀眼的光芒。

第八章

祈禱的重要四大元素

禱告，就是練習與神同在的力量。

——奧丁格／德國神學家

（Friedrich Christoph Oetinger，一七〇二～一七八二）

我必須承認，我很少專注在自己身上，或對自己感到滿意，至少多數時候並非如此。這點就足以說明，我和這世上的萬物一樣，內在都有著四個元素：土、水、火與風。我就這麼放縱自己嗎？顯然是我內在的水元素出現問題、表現了不安分。是我腦子裡充斥著各種奇思怪想嗎？不然就是我的風元素失去了平衡。感覺沒有動力、萎靡不振嗎？是應該好好整頓一下火元素。太疏於照顧自己的身體嗎？來點土元素肯定對我有好處。在這一章中，我要以全然不同的觀點（從四個元素的角度）來看我們人類。這樣的觀點，對你來說是否很新鮮？是的話，那就太好了！接下來的部分，是我為你書寫的內容。

我有幾個朋友每年固定在冬令時節，會花上三個星期時間，前往斯里蘭卡進行阿育吠陀療程（ayurvedische Kur）。每次他們從斯里蘭卡回來後，總興高采烈地對我講述在那裡經歷的一系列排毒、按摩、紓壓課程，也提到那裡為每個人量身訂製的飲食調理，多有效。

其實阿育吠陀醫學的基礎，就是讓人瞭解這四個元素在每個人身上的組合特性。

從阿育吠陀這個印度傳統療法的觀點來看，我們每個人的行為和對事情的看法，都受到某些特性的影響，而且這些特性多半還會影響到我們的身體健康。因為身體和精神兩者之間關係密切，所以追求健康的阿育吠陀療法特別重視內在平衡。

接下來，我想簡單介紹阿育吠陀療法中的分類理論：基本上有三種能量型態（Dosha），分別是：「風型」（Vata）、「火型」（Pitta），與「水型」（Kapha）。這三種能量型態在我們的身體和精神上，會分別展現出不同特性。

「風型」屬於風元素，這類型的人通常看起來身形纖瘦，性格容易緊張，而且比較健忘；另外，「風型人」的情緒波動較大，經常覺得缺乏能量，新奇的事物特別容易引起「風型人」的注意。「火型」則與火元素有關，展現在體型上的特徵是，強而有力的肌肉結構；「火型人」通常胃口好、食量大；性格上，「火型人」急躁、缺乏耐心、企圖心強，這類型的人通常精力旺盛；「火型」人可以說是努力不懈、積極努力的最佳代表。「水型」歸屬水與土兩元素。這類型的人體型壯碩，骨架通常比較魁梧、粗壯；他們通常話不多，也比較沒有企圖心；「水型人」最常出現的感受，是沒來由的疲倦感。

如果想更詳細瞭解自己屬於何種阿育吠陀類型，可以前往以下網址（http://www.zentrum-der-gesundheit.de/pdf/ayurveda-test.pdf）進行簡單的鑑定測驗。多數人通常由一個以上的能量型態組合而成，因此常見兩種以上，如「風型」加「火型」，諸如此類的混和能量類型組成。

從阿育吠陀哲學中，我聯想到一種通常不會有人想到的祈禱方式：利用風、火、水、土這四元素進行祈禱。從占星術分類理論發展出來的風、火、水、土，這四元素的說法，我們並不陌生。占星術也依不同星座的特性加以分類，這點和阿育吠陀的做法類似。

如果有人和我一樣，出生在巨蟹座，而上升星座是金牛座，那麼個性基本就有土象星座（金牛座）的特點，同時也兼具水象星座（巨蟹座）的傾向。上升星座是一個人性格中的基本特性，而太陽星座，即一般所知的星座，則是決定這個人以何種方式生活在這世上。這樣說來，我就是土與水的混合類型，相當於阿育吠陀中的「水型」

能量。每個人都可以依據他的太陽星座與上升星座，來確定各自所屬的元素類型。

（知道自己出生時間的人，可以在以下網址中查找自己的上升星座：http://www.tabelle.info/aszendenten.html。也可經由以下網址，排出自己的星盤：www.astro.ch。）

由於各元素對人的影響有強弱之別，因此每種類型都有特定的優點與缺陷。比如，金牛座（土元素）的人通常很有耐性，但是他們的耐性甚至有點反應遲鈍。因此金牛座安逸的性格，就有可能在升級後變成缺乏動力，甚至被動。此外，金牛座雖然可靠、老實，但是他們固執的特點更勝於可靠、老實的優點。（每個人都可以自身為例，找出各類型有哪些正面與負面的特性。這部分就讓各位自行發揮了。）

金牛座的我就有各種土元素性格的潛在特質。有時在特定情況下，我能感受到自己又出現土元素性格的缺點或壞習慣，每當這種時刻出現時，我就會進行祈禱，以平衡土元素不足或過多的部分。這個祈禱當然也適用於那些「風風」、「火火」，也就是風元素或火元素過多、缺乏土元素的人。下面的範例，目的在於平衡個人單一元素作用過強或不足，以利祈禱重新找回內在的和諧。

為土元素祈禱

親愛的上天，
請平衡土元素之於我的作用。
好讓我可以雙腳立足於這世上。
請賜予我安定與力量，好讓我能
以祢的旨意完成此生的任務。
請賜予我堅強與毅力，好讓我可以
堅定並完成我的目標，如同祢的目標。
每當我因為過於固執而後知後覺時，
請讓我看清事實。
也請在我過於遲鈍而缺乏改變的動力時，
在我身邊安排一些鞭策我的人。

讓我內在的土元素能夠造福所有人。

即使是那些擁有較多水元素特性的人，也都有各自要面對的挑戰，只是相較於穩定的土元素，水卻是一個多變的元素。水元素具有流動性，會變化自己的型態來適應環境。同時水元素性格的人也充滿矛盾，他們雖然個性坦率、交際能力也強，但是耳根子很軟，容易受周圍的意見左右，而且做事不夠堅持，常虎頭蛇尾，還容易因為別人的無心之言而受傷。水元素另一個特性是一體兩面，表現在過於敏感的性格，以及強烈的直覺，使得他們經常出現過度憂慮的現象。簡而言之，水元素特性的人很容易覺得自己受到侮辱。

所以接下來我要介紹的祈禱文，就是針對水元素的這些特性，當然，那些缺乏或甚至完全沒有水元素的人，也可以從中擷取適用的部分。

為水元素祈禱

親愛的上天，
我祈求祢，請平衡我內在的水元素。
讓我更能感受，好讓我
理解，並學習體驗祢的世界。
請賜予我，祢的同理心和祢的直覺，
好讓我能夠更理解他人，並寬恕他們的作為。
請賜予我力量，讓我
在脆弱的性格中學習成長。
當我的情緒蒙上風暴時，請賜予我平心靜氣的能力，
好讓我學習接受這樣的情緒，並從中學會接納自己。
請將那些愛我，如同我愛他們的人，帶到我身邊來。
請讓我內在的水元素能夠造福所有人。

接下來，讓我們進入第三種元素——火元素。在人群中，「火型人」很難讓人忽略他的存在。他們隨時充滿精力，總有辦法以他們獨特的魅力，在群體中表現特別突出優秀；他們活力滿滿、有熱情，並且喜歡和他人一起活動，但另一方面，他們也容易高估自己的能力，常讓自己陷入筋疲力盡的狀態。對於事情的看法，容易誇大事實，因而傾向極端或過於天馬行空、不切實際。火元素的作用也讓這類型的人，容易顯得脾性暴躁而霸道。有過多火元素特性的人，可以用下面的祈禱文，來平衡內在的火元素；而缺乏火元素的人，也可以從中擷取適用的部分。

為火元素祈禱

親愛的上天，
請平衡我內在的火元素。
請賜予我實現目標的動力、勇氣與力量。
讓祢的火在我心中燃燒，使我能夠有所改變，以行使祢的旨意。
讓祢的光明成為我智慧的引導者，

使我成為他人的良好典範。
請保守我，在火元素出現極端而過於誇張與不切實際時，
當我誤入迷途，並耗費過多無謂的精力時，請祢讓我察覺。
請讓我學會控制自己暴躁的脾性，並將它用在善意的行為上，
並請教會我，如何適度的表現這種暴躁的脾性，
不至於傷害到別人。
請讓我內在的火元素能夠造福所有人。

最後我要介紹風元素。「風型人」的特點是他們極為理性，也很有創造力，總能想出別人沒想到的主意，總是能為問題找到解決方法。他們對於即興演出也很有一套，此外，做事情有遠見，又意志堅定。但另一方面，他們對於正在著手進行的事情，很快就感到厭煩，很容易覺得自己無法繼續承擔過重的責任。此外，他們行事任性、不太可靠，而且經常改變看法。「風型人」經常覺得自己受到過多的拘束，渴望更多

的自由。

有強烈風元素特質的人，可以用下面的祈禱文來維持內在的平衡。對於那些面對事情常想不出辦法、手足無措，或需要長時間才能找到靈感的人，這篇祈禱文同樣有所幫助。這篇祈禱文主要可以用來平衡我們內在的風元素：

為風元素祈禱

親愛的上天，

請祢讓我內在美好的風元素恢復和諧狀態。

讓我的靈魂能夠感受祢帶來的光明與智慧。

請賜予我靈感與創造力。

請教會我靈活的思考，好讓我可以接納這世上的新事物，並以此榮耀祢。

請保守我不穩定的情緒，賜予我紀律，好讓我變得更可靠。

在事情還沒弄清楚前，請拴住我易怒的脾氣。

請讓我內在的風元素能夠造福所有人。

以上介紹的四篇祈禱文，適合我們進行內在改造時使用。每個元素各有優缺點，而且各元素的作用每天有所消長，讓我們覺得具有某種元素特性的自己，今天這方面比較好，明天那方面狀況變得比較差。即使我們可能在其中一個或兩個元素特性表現上特別明顯，實際上所有元素都在我們內在運作著。就以我個人為例，我是土元素和水元素特質比較明顯的人，內在還是有相對作用力較弱的風元素和火元素。為了讓這樣的說法更清楚，我用百分比來說明：我個人內在應該有百分之四十的土元素和百分之三十的水元素，另外還有百分之二十的火元素和百分之十的風元素。（上面列出來的百分比總和應該有百分之百吧？有耶！我運氣真好！）

為了成為完整的人，應該讓內在四元素處於和諧

上述的印象當然可能在人和人之間存在極大的個別差異。理想情況下，所有的四個元素都應該在我們內在產生共鳴，並且創造出更高的秩序。如此一來，四個元素之間才能互利共生。然而，四個元素同時也關乎我們的意願。以我為例，我將自己理解

成需要應付一群內在小孩、而且每個孩子都想要我聽他們說話的「單親父親」角色。我內在的這些孩子紛亂地叫喊、哭鬧，不時還彼此鬥毆，每一個都有自己的獨立意志，其中幾個明顯處於青春期。做為眾多內在孩子的「父親」的我，為了顧及內在所有的衝動，往往就要迎接許多的挑戰。

我內在的四個元素也有類似的情況。在這四個元素完全成熟、為我所用之前，它們也必須經歷不同的「兒童期」發展階段。因此，我必須與這些內在元素接觸、隨時留意它們的發展，如果其中有任何一個元素想要壓制其他三個，我必須出面制止。在這種時刻，針對各元素的祈禱文，就能幫我創造內在和諧。

這麼做通常不容易，因此在祈禱之後，針對各元素進行冥想，對內在和諧非常有幫助。這些冥想都可以溯源到前面提過的哈加特・印納亞・克杭。冥想中會以特定的方式提及各元素，並經由口、鼻吸氣與吐氣來進行[13]。

土元素：由鼻吸氣、由鼻吐氣。

水元素：由鼻吸氣、由口吐氣。

火元素：由口吸氣、由鼻吐氣。
風元素：由口吸氣、由口吐氣。

倘若你只是想要平衡其中一種元素，大可個別進行冥想。以下我將這些不同元素的冥想依序寫下來，你可以根據自己的需要進行練習。

土元素呼吸法：鼻子吸氣、鼻子吐氣。

就如我們的地球由土而起一樣，我們的身體亦是如此。無論是大草原、沙漠，甚至是肥沃的農地都展現了土元素的天性，而這些天性又在我們的身體裡面，以骨、肉的形式重現。土元素給予我們穩定與堅持的力量，一如骨架支撐著我們。

土元素冥想

經由鼻子吸氣，鼻子吐氣。我的內在與土元素結合。感謝組成我身體的每個細胞，接著讓土元素的氣息經由這些細胞流過全身。細胞啊！感謝你對我的支持，讓我得以享受這段生命。感謝土元素維繫了我的身體。

我均勻地吸入土元素的氣息、再呼出，同時調和我體內的每個細胞。

五分鐘之後結束這次練習，如果你願意的話，就繼續進行水元素呼吸練習。

水元素呼吸法：鼻子吸氣，嘴巴吐氣

水，可說是地球上與我們的生命最息息相關的元素。沒有水就沒有生命。人的體內，水分也占了最大比例，只要幾天沒有攝取水分，就可能渴死。斯洛維尼亞關愛地球的藝術家馬可・波加契尼克（Marko Pogacnik，一九六九～）曾經把水比做「地球之愛」。水元素在我們體內主要以血液的形式展現，由於血液循環以我們的心臟為中心，因此可想而知，水元素和愛之間密切的關聯。心臟，是掌管我們愛的器官，也是讓我們感受情緒的地方。就好像大自然大地之母以水元素賦予萬物生命，我們體內的血液也供給我們維持我們生命所需的養分。

水元素冥想

經由我的鼻子吸氣，由我的嘴巴吐氣。

我的內在與水元素結合，感謝我的心臟，是它透過血液供給我生命所需。

我也感謝體內的血液，讓我的水元素的氣息均勻地透過血液流遍全身。

感謝水元素如此盛情地支持我，讓我得以與大地之母產生連結。

透過沉穩、均勻呼吸，體內的水元素，我的心也跟著均勻而和諧的律動起來。

五分鐘後結束這次練習，然後進入火元素呼吸練習。

火元素呼吸法：嘴巴吸氣，鼻子吐氣。

我們的汽車需要引擎作為動力來源，我們的身體能夠運作也靠著不斷地燃燒養分而來。在我們的世界中，因為有太陽以它的溫度帶來能量，讓生命得以延續，而我們體內的能量讓我們充滿活力。

火元素冥想

經由嘴巴吸氣，再由鼻子吐氣。

我的內在與火元素結合。感謝我體內的火元素，讓我活力滿滿。

我也感謝我生命的能量賦予我精神氣力。我讓火元素的氣息均勻地流過我全身。

感謝火元素把我舉起來，讓我得以與天上產生連結。

同時，我也沉穩、均勻的呼吸，以調和我內在的火元素。

五分鐘之後結束這次練習，接著進入風元素呼吸練習。

風元素呼吸法：嘴巴吸氣，嘴巴吐氣

風元素可說是所有元素的精華。人類沒有水還可以撐個幾天，但是沒有空氣，頂多只能撐個幾分鐘，然後我們就會窒息而死。在地球上的所有生命，尤其受到大氣層的保護。此外，也因為空氣的流動讓聲波得以流動，我們才能說、能聽。風元素賦予人類的是溝通與精神交流的能力。

風元素冥想

經由嘴巴吸氣，再由嘴巴吐氣。

我的內在與風元素結合。感謝我體內的風元素維持了我的生命。

感謝我的肺，讓我得以呼吸。

感謝我的嘴巴和大腦，讓我可以說話、可以思考。

感謝風元素，讓我可以聽得見這世界上的聲音，並因此得以和他人聯繫與溝通。

我讓風元素的氣息流過我全身，我平穩而均勻地呼吸，以平衡我體內的風元素。

五分鐘之後結束這次練習。最後，分別以四次個別元素的呼吸法作結。

為了更全面性的瞭解，以下我將四種元素最主要的特性匯集在一起：

【四元素】

• 土

範疇：身體

特性：有耐性，甚至遲鈍、喜歡安逸、重視享樂、缺乏動力、可靠、固執。

冥想法：經由鼻子吸氣與吐氣。

性質：綜合。

•水

範疇：情感

特性：易變、適應性強、性格開朗、善交際、容易受影響、不安定、心思敏感而脆弱。

冥想法：經由鼻子吸氣、嘴巴吐氣。

性質：下降。

•火

範疇：能量。

特性：引人注目、充滿活力、魅力十足、活潑、有熱情、激進、誇張、狂熱。

冥想法：經由嘴巴吸氣、鼻子吐氣。
性質：上升。

・風

範疇：理智。
特性：有創意、充滿新奇點子、有遠見、意志堅定、對事情容易厭倦、容易感到緊張、情緒化、喜好自由。
冥想法：經由嘴巴吸氣與吐氣。
性質：分裂、發散式的。

〈水〉

水，你的存在有各種型態，
水汽是你、冰是你、氣體也是。
你總是變幻無窮，
你在石頭裡、溪流中，也在玻璃杯中。

只要是活著的，無處不見你的蹤影。
你就如同我內在的泉源，
你洗滌著，讓黑暗也猶疑了起來。
你如同陽光一般璀璨光明。

勇敢與堅強是你的中心思想。

你會在冬天撬開石塊，
你既可以很柔軟，
也可以很有韌性。

你也可以無私而細緻，
你付出自我，成就他人。
成長中的，就邀請你來，
讓你流淌其中。

你是如此有力的愛。
你的存在教會我奉獻。
你的存在對我傾訴著：
謙卑是有效而純粹的力量。

你蘊含了更深層的意義
你奉獻自己，甚至獻出生命，
以證明自己的存在，證明
在死亡中也有另一個起始，
因此水就化作了葡萄酒。

水啊！你的影響力是有計畫的作為。
你就是世界的愛，
只要是神要你去的地方，
你就無私的奉獻出自己。

第九章

為伴侶關係祈禱

前往戰場前，祈禱一次；
來到海邊時，祈禱第二次；
進入婚姻時，記得祈禱第三次。

——流傳自俄羅斯

與最親近的人相處，往往讓我們覺得倍受挑戰。在這樣的關係中，我們不僅感受最深刻的愛，偶爾也會經歷最深沉的失望。因此，把我們最愛的人納入祈禱的內容，就顯得格外重要。我們需要為親密關係進行祈禱，包括：尋找新伴侶階段、開始一段新關係、為最好的朋友祈禱、親密關係出現問題（爭執或冷戰）。至於婚姻與小孩這兩個話題，我將在後續〈為家庭關係祈禱〉中討論。另外，關於伴侶關係結束、分手等內容，則在後面〈為失去祈禱〉的章節中討論。

在我探討許願的第一本書《訂單沒來》中，曾經提及拒絕的力量，當時就提到內心的排拒感，會對我們的許願造成很大的阻礙，因為我內心的排拒感，無疑是一種隱藏版的訂單。比如，一個人排拒獨處，那麼這個人想找到新伴侶就變得很困難，因為拒絕單身的想法會奪走所有希望得到新伴侶的願力。

因此，對於希望得到新伴侶的許願，我倒是可以建議一個小技巧，讓你翻轉內心的排拒感，那就是：不要為你的孤獨感到難過，而要歡喜你已經擁有的善緣。讓自己意識到：你的生命中已經遇到很多好人，這些人就是「送來的訂單」，你並不是那麼的孤單無依。

祈禱的時候，你也可以專注在感謝那些，已經在你身邊的朋友這件事上。

為遇到新伴侶祈禱，感謝所有在我身邊的朋友

接下來，連同為好朋友祈禱，我要介紹一系列與關係相關的祈禱文：

為好朋友祈禱

親愛的上天，感謝祢為我帶來這些朋友。
因為有他們，讓我覺得自己何其有幸，
可以得到上天賜予如此豐美的禮物。
這些朋友總在身邊支持我，
為此，我祈求祢，讓我也能在各方面協助他們。
讓我為他們的生命帶來幸福與歡樂，
一如他們讓我感受到的快樂。

請讓我們的友情持續增長，
友誼長存。
讓我也成為他們的好朋友，
就如同他們多年來帶給我美好的友情。

如果我們能以這樣的方式為自己和朋友祈禱，我們自然就會有感恩與敞開心胸的態度，而如此坦誠的心態讓我們更容易遇到新朋友，甚至是人生伴侶。如果你不為朋友祈禱，你也可以為自己的孩子祈禱，當然也可以為父母或是啟發你人生智慧的心靈導師祈禱，如果你已經遇見你的心靈導師的話。

你對周遭的人散發出來的愛，會吸引你還沒認識的人，說不定其中可能出現你的另一半，所以你的心可以做好準備。

祈求新戀情

親愛的上天，

我已經準備好，再次進入戀愛。

請為我的新伴侶敞開我的心胸，

引導他的腳步到鄰近我的地方，

並請讓我們的眼中識得彼此。

請賜予我信任他的勇氣，

為我的心填注信心。

請讓我接納他的錯誤，

因為我也並非毫無過錯。

請教我看到他好的一面、仰慕他，

如同他喜愛也認可我的天賦，

請賜予我力量，隨時為我們的愛祈禱，

為祢即將賜予我們的愛。

一旦你找到你的她／他，就知道自己得到了多珍貴的禮物。藉由下面的祈禱文，你可以得到更多心靈支持。

終於找到新的人生伴侶，這是何其美妙的事！接下來你該面對的，就是如何在日常生活中與你的另一半相處。現在，準備開始調整未來即將與新伴侶共度的時間吧。

為新伴侶關係祈禱

親愛的上天，

感謝祢為我找到新的另一半。

她／他就是祢從天上送給我的禮物。

請祢守護我們的關係，

讓我們稚嫩的愛苗可以成長、茁壯。

讓我們更認識彼此，欣賞彼此。
當我們產生摩擦時，
請賜予我們接納彼此原來面貌的力量。
請在我們批評對方並嘗試改變對方前，保守我們。
請讓我們兩人的心能恆常感受到彼此。
請賜予我們相互的善意與理解，
並讓我們的身體在渴望中結合。
請為我們兩人的關係賜福。
請協助我們克服未來的困難，
並讓我們因為這些困難還能更堅定的在一起。

一段關係剛開始，當一切都還很和諧、進展順利的時候，接下來難免迎來第一個挑戰。經過相處證明，另一半並不像第一眼看到那樣完美。於是，這些「錯誤」和「瑕疵」就成為兩人之間的問題。為了處理這些情況，我們這裡先離題一下，來看看問題到底出在哪裡。我希望在我們找出問題的癥結之後，你能夠帶著更多的喜樂，為這段新關係的所有難題祈禱。

貝波兒曾經寫過一本童書，書名為《捕捉願望的天使》（*Der Wunschfänger-Engel*）[14]，她在書中曾經提過，「Problem」（問題）的「pro」有「支持」的意思，因此，「problema」（意指「問題」，拉丁文）的意義，不外乎「需要被解決的事」。也就是說，問題挑戰我們，而我們應該解決它們，並且從中得到成長的機會。

基本上，任何一個問題都是為我而存在

我的「問題」（Pro-blem）之所以出現，其實對我都懷著善意。（如果問題都是為了跟我作對才出現，那這個字應該寫成「Contra-blem」①吧。）

《捕捉願望的天使》以適合兒童閱讀的方式寫成，描述天上那些捕捉願望的小天使，如何使用類似漁夫撈魚的紗網，收集我們許下的願望。小天使將收集來的願望，

送到檢驗站加以評估，確認每個願望所挾帶的能量。如果許願的人渴求的能量和願望一樣大，甚至能量比許下的願望還強烈，這樣的願望很快地就能實現，這也應驗了吸引力法則：許願的人渴求的能量，會吸引他所想望的事物出現。

現在問題的癥結出現了：如果我們想望的事物，挾帶的能量大於我們的能量，就不會產生共鳴，那麼願望也就無法實現。為了讓願望在稍後的時間點能夠實現，捕捉願望的天使會努力幫助我們這些許願的人，補上最後的臨門一腳，於是天使們會設下問題讓我們去解決。因此，所有問題的起源都是出於善意，是上天對我們的善意。倘若我們能夠以冷靜、放鬆的態度面對，並相信自己能找到解決方案，我們就擁有能量。一旦我們的能量和許下的願望一樣強大時，願望就能實現。這樣想來，「問題」的出現是多麼棒的一件事啊！

在《訂單沒來》中，我曾經提到和貝波兒一起面臨的問題：我們兩個孩子出生前，已經預訂了產科專門醫院，但是最後在一家綜合醫院剖腹產，我們的願望可以說是完全被否絕了。直到孩子出生後不久，我查看了孩子的星盤，發現他們的上昇星座都有

譯注① 天主教或部分基督教神職人員進行儀式時披帶的衣飾，長約二・五公尺至三公尺，寬約十公分，兩端更寬，依不同儀式使用不同顏色的聖帶。
事情的反面之意，與「pro」相對，常見「Pro und Contra」意指正反兩方的意見。

木星，木星又被稱為幸運之星，也就是對我的兩個孩子來說，被我們視為「問題」的剖腹產，其實牽涉到他們出生的最佳時間點。如果是我們最初想要的自然產，雙胞胎之間的出生時間差，無法在這麼剛好的時間點上。我們可以說，**宇宙總會做出最好的安排**。

祈禱，不僅是一種以更從容的態度面對問題的方式，也是從自我中心思維抽離的好辦法。祈禱時，我們邀請上天、邀請宇宙進駐到我們心中，協助我們找到解決問題的方式，這樣就會大大提升我們許願的力量。只要再練習一下，或許有那麼一天，我們可以心平氣和地迎接問題的到來，心想著：「你看！真是太棒了！又有一個問題出現了！那就表示，我的願望很快就要實現囉！」

如此一來，我們就能以更鎮定的心情，面對與另一半的一連串問題了。

當我們又想起另一半的缺點，或是批評另一半時，我們就可以進行以下祈禱。這樣的祈禱當然也適用於其他人，不必侷限我們的伴侶。

為喜歡批評祈禱

親愛的上天，

我察覺到，自己的理智如何嚴厲地批評著這個人。

請將我的思考從這樣的壞習慣中拯救出來。

請保守我，不要讓我一直批評。

請教會我如何接納他、愛他，

如同祢接納我、愛我一樣。

請讓我看到每個人的美好與純真。

讓我看待這個世界，如同祢看到的世界一般美好，

也請教我如何以祢的眼光去看待這個人。

請讓我看清真相。

因為每個人都是我的兄弟姊妹。

有時候，另一半讓我們非常生氣，而怒氣讓我們看不見他的好。出現這樣的情況，你可以進行以下祈禱：

為厭惡另一半祈禱

親愛的上天，
請幫助我。
眼前這時刻，我絲毫無法愛我的另一半。
我不知如何是好，
我討厭他只會讓我們兩人愈行愈遠。
請讓我們兩人重新走到一起。
請指引我們和解的方法。
厭惡他，我自己心裡也不好受，
而且對我們兩人的關係也會造成非常大的傷害。
請協助我和另一半重新和平共處。

請拔除我認為他不好、認為他有錯的想法。
請療癒我的錯誤想像。

有時我們對另一半的厭惡感占了上風，甚至還引發爭執，讓兩人的關係更加惡化。發生這種情形時，你可以進行以下祈禱：

發生爭執時的祈禱

親愛的上天，
請解除我們之間這些不必要的爭吵吧。
當下我們已經失去了對彼此的愛，
請讓我們重新找回它。
因此，請賜予我們祢的愛。
我們目前非常需要祢的愛，
因為我們在抱怨和指責中失去了彼此。

請讓我們重新用充滿愛的眼神凝視彼此，
讓我們的心重新結合在一起。
請讓我們喜愛對方一如初見的那一天。
我將這次的爭執交給祢，
請祢治癒這次爭執，
請祢療癒我，
也療癒我們的關係。

伴侶間的生活如此親密，產生誤解或彼此傷害，在所難免。但是兩人之間有了爭執，重點在於如何原諒對方，以下的祈禱文協助你原諒對方。

為寬恕祈禱

親愛的上天，

我深深感受到被另一半傷害。
請讓我看到他的無辜，
因為當下的我沒有能力這麼做。
因此，親愛的神，請祢幫助我，
請祢幫我寬恕我的另一半。
請賜予我原諒對方的力量。
請在我認為他有罪的地方，
讓我看見他的純真。
請在我認為他錯誤的地方，
讓我見到他好的一面。
請在我心中重新點亮對他的愛。
請引導我們的步伐走向寬恕的道路。
請帶走我認為「他傷害了我」這樣的想法。

最後這篇祈禱文可能是這一系列祈禱文中最重要的一篇，因為寬恕可以解決兩人之間的問題，只要寬恕就能提升我們的能量。如果我們原諒對方，就能將自己從內心糾結的泥淖中解救出來。倘若只是不斷地指責對方的錯，不僅無法解決問題，還會讓問題變得更難解決，只會陷入自己的想像與責備中。

寬恕是愛的實踐；寬恕能帶給我們更多的力量。當我們寬恕時，就等於原諒了別人，同時也接納了他的錯誤和陰暗面。一旦我們能接納他人，就愈能夠接受自己的缺點與不足。

因為我們都只是凡人，從來都不可能完美無缺，但是在寬恕的道路上，我們可以把他人的不完美放在自己的心上，告訴自己：即使會犯錯，他現在這樣就很好了。

或許很多人會說，我生命中遇到這麼多的難題，多到我都無法計算了，無論是令我火大的另一半、胡攪蠻纏的孩子、能力不足的上司，或是鬧騰不休的鄰居等等。經由祈禱，我們把愛送給這些人，因為我們喜愛迎向我們的問題，而這些問題都能得到解決。只要祈禱就能改善所有的關係，我們和宇宙的關係也會愈來愈好。

〈當內心開始平靜〉

是否覺得自己不被愛、
心煩意亂，而且孤獨？
只有原諒自己的人，
最終才能得到幸福。
原諒自己的過錯，
因為它會在內心侵蝕自己。
耐心地原諒自己吧，
因為罪惡感會阻絕幸福。

原諒你內心的小孩，
雖然這個內心的小孩深受傷害與驚嚇，
請讓他找回安寧，以及

埋藏在他內心的情感。

然後你才能圓滿，
你的眼才能充滿光芒，
你的口才能耀人地
說出充滿愛的語言。

而這道光芒終會迴返，
還以千萬倍光亮反射回來，
讓支離破碎的生命，
臻於完整。

從此不再需要遠求，

因為你就是愛，
你就是自己的星辰，
從來不會忘記自己光芒的星辰。

然後在你心中茁壯的
就是你的愛，
你喜歡自己，
並願意給予自己失去的愛。

能夠愛自己的人，
就能吸引光芒與愛，
外界能給你這些
唯有當你的內心開始平靜。

第十章

為家庭關係祈禱

倘若你只是想要祈禱，就為你自己祈禱；
如果你為所有人祈禱，所有人也會為你禱告。

——安波羅修／神學家
（Ambrosius，三四〇～三九七）

家庭為我們提供舒適的窩，某種程度上，我們就像從這裡破殼而出的生命。我們得以在所愛的人包圍下成長，可以盡情地收集我們人生中許多的第一次經驗，也以兄長或父母為仿效對象。我甚至猜想，祈禱就是從家庭生活開始的，因為我們會為自己的孩子和身邊的人，許下那麼多美好的願望，但是同樣的事情，我們卻不見得願意為其他人做。

收錄在本章的祈禱文，內容涵蓋：婚姻、孩子的出生、為人父母、家庭生活，以及和孩子一同祈禱。

做為家人最主要的生活場域，就是共同的家，我們在那裡以配偶的身分生活，我們的孩子也在那裡長大成人。這個場所無論是一棟房子或是一層公寓，都能帶給我們安全感，我們會在漫長的工作、學校放學之後回到這裡，甚至旅行之後，這裡也是我們想要歸返的地方。還有什麼比為自己的家祈禱更為重要呢？當然，如果你住的不是自己的房子，一樣也可以為自己的租屋祈禱。

為我們的家祈禱

親愛的上天，
請照看我們的家，
我將它交給祢守護。
請讓這個家成為我們全家人的巢，
讓我們在其中得到保護與安全感。
請祢仁慈地照看我們的孩子，
身為父母，我們願給孩子們最好的一切，
請讓我們在祢的協助下，
以祢的旨意教養他們。
請賜予與我們心意相通的朋友，
在此出入。
請時時保佑這個家平安，
並以祢的光明照亮這個家。

下面是一段流傳於民間的祝禱詞，我自己也常用來祈禱：

家之祝禱詞

親愛的上天，
請賜福這個家，
以及所有在此進出的人。

當兩個人決定未來都要一起生活，總會希望以某種形式來確認這樣的關係。婚姻在過去一度被視為老派作法，但令人欣慰的是，近幾年，訂婚與結婚又重新受到社會重視，有些新人甚至決定以不同的方式來許諾忠誠。以下是兩篇範例祈禱文，第一篇以女性的觀點寫成，另一篇則出自男性觀點。

對丈夫許諾忠誠之祈禱

親愛的上天，
我把我與丈夫的關係交到祢手上。

請讓我成為他的好牽手。
請賜予我扶持他的力量，只要我能夠，
並讓我也能看見自己的好。
請讓我成為祢對他的祝福，
使他也成為祢恩賜於我的明證。
請賜予我們後代，倘若那也是祢的旨意，
如此才能讓孩子們將祢的喜樂帶到這人間。
請教會我寬恕丈夫的過錯，
總能看見他的好。

對妻子許諾忠誠之祈禱

親愛的神，
我將我與太太的關係交到祢手上。

請讓我們心意相通，
請讓我知道她想要什麼，
請讓我為她做好事，
使這段關係成為祢對她的祝福。
請讓她也成為祢對我的恩賜。
請讓我們組一個家，如果那也是祢的旨意，
讓我們依祢的旨意教養孩子。
請賜予我讓她幸福的力量。
請教會我包容她的缺點，
在她需要我的時候能夠陪伴她左右，
並珍惜她的優點。

在新人們互相許下承諾，未來與彼此相依共存之後，孩子的到來，就成為建立新家庭的重要時刻。對我來說，第一次將自己的孩子抱在手上時，可說是我生命中最美好的瞬間了。當下我明顯而直接地感受到：這小生命現在交到我手上，未來幾年我會全心全力為他付出，用愛去照護他。那是我第一次真切的感受到，自己被交付了重大的責任。此外，我還意識到：萬一哪天我離開了人間，自己的生命將得以獲得延續的莫大喜悅。

父母為新生兒祈禱文

親愛的上天，
我們滿是謙卑地迎接這個美好的孩子。
感謝祢，讓我們成為他的父母。
我們承諾，恆久善待這個新生命，
照顧他、愛他，
並以祢的旨意教養他。
為如此神聖的任務，

請賜予為人父母的我們耐心與智慧。
感謝祢的恩賜，讓我們的家庭迎來這個新生命。
願祖先庇佑這個孩子。
我們恭謹地將這孩子的生命交到祢手上，
相信祢會保佑他。
請終身與他為伴，
並守護他的心。

我對於我的童年在不算大的大家庭中度過，感到十分幸運。當時我們住的房子由父親一手打造，住在裡面的人，除了我與父母，還有我的姊妹。我們家旁邊的房子住著爺爺、奶奶、叔叔和兩個堂兄弟。總的來說，一共四個孩子和五個大人。兩棟房子都有一個比建物本身大很多的田園，我們就在園子裡耕種。我出生時，第二次世界大戰剛結束十六年，對於當時的成年人來說，食物不夠或甚至沒得吃的恐怖經驗，仍然歷歷在目，因此偌大的園子就足夠讓我們自給自足。

除了馬鈴薯和蔬菜，我們也在那裡面種了許多果樹。我們採摘的果子，不是醃漬起來就是做成果醬；每到秋天馬鈴薯收成的時節，是我個人視為一年當中非常重要的時期。那時，所有人整天都在園裡幫忙。天黑之後，我們燒著採收馬鈴薯留下的成堆莖葉，然後把馬鈴薯丟進火堆中，不久之後，就能撥下燒焦的馬鈴薯皮，吃著熱呼呼的馬鈴薯！直到今天，我依舊無法忘懷那無與倫比的美味。倘若有人問我，家的味道是什麼，我就會說：「就是烤馬鈴薯的美妙滋味！」這味道簡直是我美好的童年記憶之一！

當然，我少年時期的記憶也並非全是美好與歡樂的，就和每個人一樣，也有些回憶感覺不是那麼愉快，有些至今仍耿耿於懷。就像所有為人父母一樣，我認為我父母的某些作為還能做得更好，如果那樣的話，我的童年可說是完美無缺了，可惜的是，並不存在這樣的童年啊！和大部分人一樣：沒有完美的日子，也沒有完美的人生。遇上難題也是人生的一部分，這些難題讓我們面臨挑戰，並從中得到教訓。

成為父親這件事，讓我學會寬恕我的父母。為人父之後，我也能夠以不同的眼光看待自己的父母了。現在我瞭解到：我要求自己，所有為孩子做的事都要做到好，還要做對，但那是不可能的事！比如，有時候他們需要我，但是我可能為了工作，正在外地出差。即使我已經盡可能待在家裡，我總不可能一直都不出門。我也試著盡可能做好所有的事。尤其在我太太貝波兒去世之後，我更是同時肩負起父親與母親的職務，即使我自知，面對這些挑戰我無法全部做到最好，這是無法改變的事實。

孩子的出生，有助於和自己的父母和解

其實也有好的一面。你想想，如果我不斷地陪在孩子身邊觀前顧後，那麼我給的善意就太多了，畢竟孩子也需要學習獨立。如果要他們飛，也要給他們機會使用自己的翅膀啊！所以給他們機會，讓他們自己去摸索，也是幫助他們成長。

我們與父母的關係會影響我們一輩子，因此親子關係一直是我演說的熱門議題。

不久前，有一位女士來找我，告訴我她的父親非常強勢，事事都要為她做決定，而她

的另一半也有支配性格。她雖然意識到這一點，卻無法脫離這個模式。所以，當她的另一半又開始展現強勢的態度，她就覺得無法保護自己，然後陷入了過往無助的小女孩角色裡。

今天已經是成年人的她，有機會以成人的態度面對這個問題，她不再以頑抗和受傷的姿態回應對方，而是以平等與自信面對她的丈夫。她現在已經走在正確的道路上了。她很清楚問題所在，也積極處理，而她的丈夫也支持她的決定。但是我不得不說，要成功擺脫童年對我們的影響，有時還真的是需要頗長的一段時間。

在這方面，祈禱也能帶來很大的幫助。我們向上天請求所謂的「協助」，這樣一來，我們就無需獨自應付這個議題，而是能夠在我們的內心找尋一處心靈空間，然後在那裡為自己點亮一根蠟燭。在這個心靈空間裡，我們發展出融合力量、信仰與信心的情感，再以這份情感面對問題、解決它。尤其多年來，無論我們如何絞盡腦汁去思考、仍然不見改善的問題，這種情感能讓我們感到有上天的支持，幫助我們走出絕望。對於處理來自父母的負面影響，我寫下以下的祈禱文：

為我們的父母祈禱

親愛的上天，

我為父母感謝祢。

請以祢的愛賜福他們。

我也為我從父母那裡得來的所有天賦，

感謝祢。

父母給予我生命，

並盡可能支持我。

如果有時我在心裡埋怨他們，

我為此感到抱歉。

或許他們對我的教養可以做得更好。

或許可以有不同的做法。

但是我知道，他們已經盡力了。

我也知道，他們有多愛我，
如同我愛我的孩子那樣。
因此，請賜予我理解，
因為我自己必然也對我的孩子做過同樣的錯事。
至今我仍對父母多有埋怨，
請讓我從中解脫吧！
請讓我放寬心，尤其在
那些我無法原諒他們的地方。
在哪裡，
請派天使到他們身邊，
陪伴他們左右。

我提過，我大部分的祈禱文都為我的兩個孩子而寫，出於為他們好的想法，但是我也明白，就算我完全出於善意，不免為我性格中的不完美所羈絆，尤其在這種時候，向上天祈求幫助與引導就特別具有意義。因此，在那些我覺得自己無法獨立做到、或無法做好的地方，我就請求宇宙的支持。

以下是一般情況之下，為孩子祈禱的祈禱文，另一篇則是以一個父親的角度，為兒子進行祈禱。

為我們的孩子祈禱

親愛的上天，
我為這個孩子感謝祢。
此刻我的內心充滿愛。
請讓這個孩子感受到我的愛，
並以祢的旨意引導我的雙手與行為，
好讓我能給孩子最好的。

祈求祢保佑這個孩子，
平安長大、有自信，
讓他在祢的協助下，找到
自己該走的路，
請賜予他自己站起來的勇氣。

父親為兒子祈禱

親愛的上天，
請讓我成為我兒子的好父親。
我把我為人父的身分交到祢手上。
請讓我照顧好他。
讓我陪伴他，
請讓我知道他現在最想要的是什麼。

只要祢也認為必要，
請賜予我引導他的力量，
並且在時間到時，
讓他找到自己的路。
請隨時為我們的關係賜福。
請讓他的心中也充滿愛，
請賜予我成為他好榜樣的能力。
賜予他堅定的信仰
對他自己，
如同對祢。

另外，在家庭議題方面，身為有信仰的父親，如何培育孩子的信仰，對我來說也是一種挑戰。這方面我怎麼是怎麼做的呢？我很樂意分享我的作法，但是我必須強調，即使我們已經多方探討這個議題，這也絕非唯一正確的做法。以六〇年代初期當時社會風氣下的定義，我的父母是有信仰的教友。當時所謂的信仰，主要是指參與教堂的活動，當時人們大多為了特定目的進教堂，可能是新生兒洗禮、婚禮或是喪禮，也就是通常在特定、難得的場合，才會表現出自己的信仰。

可惜的是，當時我童稚的眼光，無法理解這樣的信仰概念。對當時的我來說，信仰只是把諸如出生、婚禮與死亡，這些生命中的大事件呈現出來，是一種盛大卻又非常抽象的概念，而今日的我，試著以更具體的方式，讓自己的孩子理解信仰。然而，由於沒有人教我該如何以具體的方式介紹信仰，所以這樣的嘗試對我來說，也像進入新大陸一樣新奇，有時我也對自己的做法與成效，感到驚訝。

我的第一個方法是：信仰發生在每一天的每一刻裡，並不限定在教堂，更不侷限於聖經中提到的內容，但是我仍認定自己是基督徒，偶爾也會進教堂。我只是善用與孩子共度的每一刻傳達我的信仰。因此，我不會跟他們討論信仰，但是信仰自然而然就發生了。對我來說，我的生活以及我在世界上的作為，就充滿了信仰。

或許以「值得的事」來形容我的信仰概念最清楚，因為信仰與我的價值觀緊密結合。我自問：「最重要的事是什麼？我願意為什麼承擔後果？生命的根本是什麼？對我來說，家人肯定排第一位。家人之後，還有什麼呢？」

經常在我提出這個問題的時候，上天就會碰巧出來幫助我。（謝謝祢，親愛的上天啊！）我的孩子就讀蒙特梭利系統的學校，最近學校正在進行以「品德」為主題的教學活動。就內容而言，品德與價值觀息息相關。因此我有機會和孩子談論人的品行，以及從他們的角度去瞭解，他們認為哪種行為有品德而珍貴。你可能想問，品行好有什麼關係？如果我想表現出有品德的好行為，我應該如何與他人相處？

我的信仰成就了今日的我，我試著做出榜樣，也以此支持他們找出、摸索出自己的價值觀。現在兩個孩子都十四歲了，他們也嘗試著以這樣的方式立足在社會上。尤其當他們與人相處出現問題時，才能摸索出對自己而言，真正重要的是什麼。

生活自然而然地將各種挑戰擺在我的孩子面前，這些挑戰協助他們找到自己的價值觀。當然，有時候他們也會仿效我的做法。現在正值青春期的他們，也開始以新的方式，不再像過去那樣童言童語地對我提出問題，我們之間的對話，有意無意間觸及了更多信仰層面的問題。我從來不規定他們信仰什麼，但是我們會討論，保留讓他們自己做決定的可能性。當他們年紀愈大，他們提出的問題也愈深入，諸如：想信仰什麼、是否應該選擇特定的宗教信仰等等。

孩子出生時，貝波兒和我都考慮過，讓孩子自己決定信仰的時機。我們覺得應該讓他們敞開心胸去感受，是哪種信仰在招喚他們。因此，我們也讓孩子接受不同的宗教，「他們心之所嚮的宗教」的洗禮。在當時的儀式上，上天受邀在孩子的內心找到自己的位置，然後從那裡開始發揮影響力，引領孩子的腳步找尋適合自己的信仰。

〈孩子〉

雙眼間盡是燦爛的笑意

嘴上掛著一抹淘氣，

這樣的幸福如此無價，

歡樂也無須理由。

孩子在玩耍中找到歡樂，

無時無刻都可以玩耍，

無須設定目標，

只要玩樂與祢同在就好。

童稚的歡樂之所在，

就是可以不斷變出新花樣：

只要一塊積木變成一棟房子，

世界馬上充滿歡樂。

他們還沒有屬於自己的煩憂，
備受關愛地被保護著，
也很少想到昨天和明天，
只是盡情的把握著今日。
有時完全投入玩樂中，
就為這樣的一天感到很滿足，
也不知評價贊成或反對
只要順勢活著就能跳起舞來。
如今已趨年老的我，從中學到什麼？
這孩子才剛以幸福與熱情歡樂地迎接生命，
就是現在，他的手伸向天上的星星，
得意地如同完成了神聖的使命。

第十一章

為工作祈禱

為你所需要的工作，
但是，為你想要的祈禱。

——流傳自中國

過去的女性被認定應該成為母親或某人的太太；男性的形象，則被認為應該在工作上有所表現。令人驚訝的是，這種傳統性別角色的描寫，仍然適用於今日，即使性別角色的定位，在過去幾十年已經有不少改變。過去貝波兒關於「享受人生樂趣」的講座上，出現一個有趣的差異，女性大多希望能找到理想伴侶，而男性卻希望能晉升管理職。

因此，在工作這個議題上，我們也以男性的角度出發。這裡談到商業行為，乍看之下又談到祈禱，似乎不是太恰當。但是生活中不免遇到各種需要向上天求助的挑戰，工作自然也不例外。而且仔細思考之後，甚至可能更加確定，為了公司或自己的工作，我們早就該向上天祈禱了。我們都想表現出最好的自己，工作上尤其如此。那麼，為什麼不祈求工作順利呢？

本章中擇列的幾篇祈禱文，主要涵蓋以下幾個與工作相關的典型主題：找到新工作、進入新工作、公司、金錢、成功與失敗、犯錯，理想職業與幸福。

目前我已經步入五十歲中段班，我承認有時嗅到退休的氣息，我身邊也有許多比我年長、已經進入這個人生階段的朋友。

我往前看著自己人生的同時，免不了回顧過去。離開大學的學習階段，我已經進入職場二十五年了，其中最初的二十年，我受僱任職於企業組織。如今，超過五年時間，我以自由作家和主持研討會為業。因此，我絕對有資格說自己有工作經驗。

我也注意到，受僱於企業的人特別喜歡長時間處於工作環境。有幾年時間，我在工商協會工作，即使到了今天，我在網路上搜尋以前任職單位的資訊，仍然會看到許多孰悉的名字。前同事中，不少人晉升成為部門主管，也有一些人換到其他部門，還有為數不少的人，依舊在原來的位置。

其中只有極少數跨出換公司這一步，勇敢離開到其他公司任職，這些往往就是工作表現比較出色的人，因為他們相信自己做得到，他們對自己有信心。或許這些人只是對舊東家某一方面不滿意，但是他們有自信憑藉著自己的能力，可以讓自己的職業生涯有更好的發展。

如果你剛換工作，或有換工作的想法，你可以試著以下兩種祈禱。

為重新開始祈禱

親愛的上天，
我生命中的一個階段就此結束了。
請賜予我重新開始的勇氣。
請讓我能順利面對，
賜予我做好新工作的信心。
我相信祢和祢的奇蹟。
請指引我安然走過這段過渡期的道路。
請讓祢的力量流過我的內心，
引導我的步伐邁向正確的方向。
我祈求祢給我全新的生活，
也感謝祢，為所有祢至今日
出於善意賜予我的一切。

為新工作祈禱

親愛的上天，
今天我就要開始新的工作了。
我覺得有些不安，
不知道會有什麼事發生。
請祢幫助我，
請賜予我今天有一個好的開始。
請讓我遇到
可以信任的好同事。
請賜予我，願意支持我，
也願意給我機會發揮所能、
有經驗而寬厚的上司，
請讓我順利接上新工作的軌道，

在這新的公司中找到我的位置。
期許我的工作能為眾人帶來利益。

即使我們待在職位頗長一段時間，工作上仍不時出現新的狀況，也許是出現我們不熟悉的領域、被額外指派的新工作，都讓我們覺得備受挑戰。遇到這種情況，我們也可以祈禱，希望在新任務中進展順利。

一天之中多數的時候，原則上我們都在處理例行事務。那麼，不妨以祈禱展開接下來一整天的工作呢？

以祈禱做為每天工作的起始，如同以祈禱迎接每一天的開始

為每天工作的開始祈禱

親愛的上天，
請在我今日的行事中，伴隨我左右。

請賜予我能量與喜樂，
讓我處理好那些交付給我的任務。
假使我遇到困難，
請讓我找到好的方法，解決它。
請為我的工作賜福，
並請讓我的成果展現祢的精神，
讓所有人感到滿意。
讓我愛自己，如同我今日所為，
讓我的工作成為我傳達愛的方式。

孔子曾說：「知之者不如好之者，好之者不如樂之者。①」以「愛」表現出的行為，就會有特別的能量，就像這樣做出來的東西會發光，或有特別的吸引力。因此，倘若能以愛去執行工作，必然能得到特別好的成果。

譯注① 出自《論語：雍也》。

事實上，我們的行為流露出來的能量，遠比我們想像得來得多。尤其烹飪的時候，最容易傳達這種「哎呀，煮到哪啦？」的感受：如果我心情不好，只能勉強站在廚房，這樣煮出來的食物，幾乎肯定不會讓我的孩子覺得好吃。他們會嚐出我勉強的情緒，就好像我在每道菜都加了太多鹽一樣。幸好我已經意識到這樣的現象，所以當我情緒不佳時，那天剛好就省下做飯的心思，出門散個步，再從外面帶些現成的餐點回家，或者乾脆簡單烤個披薩。這方面，我顯然不是一個盡責的父親，但是我的孩子還滿喜歡吃披薩的。

如果我的感受和內心達成一致，我準備的食物也會跟著好吃起來。接下來，給你三次機會，猜猜看我什麼時候會為了寫書坐在電腦前工作？猜對了！每當我有興趣做這件事，並且能讓心中的喜樂透過鍵盤與指尖流露出來的時候。

有獎徵答：如果好廚師應該用「愛」烹調食物，那我又該如何執行我尋常無比的工作呢？答對了！就要以「愛」與「喜樂」。如果我的喜樂能夠在書中的字裡行間顯現出來，那麼你覺得帶著喜樂執行的工作會變成什麼呢？無疑是成功。如果你希望你的工作對任職的公司有所貢獻，不妨就以孔子所說的方式去看待你的工作。最終，成果會展現在公司發展、展現在你獲得的薪資和成就感上。

倘若我愛自己的工作，整個宇宙也會幫助我成功

這樣一句話已經足以傳達一切。以下僅列出三篇祈禱文，分別以公司、工作順利和成功為題。

為公司祈禱

親愛的上天，
感謝祢帶給我這個工作。
請讓我繼續為公司服務，
以我的工作讓眾人受益。
請讓我成為同事的好幫手，
成為上司忠誠與信賴的下屬。

讓我在一天的工作中
充滿行動力、創意與熱情，
讓我有成就感，
也對公司有所貢獻。
請讓我不卑不亢地
面對公司與主管。
請賜福予這間公司與所有主管、員工。

為工作順利祈禱

親愛的上天，
請救救我與金錢的關係吧！
金錢本身並不壞。
請讓我用快樂的心情去做我的工作，

而不是為了金錢工作。

請讓我感恩，

那些工作以外得到的所有好事：

友善的同事、和氣的顧客、

讓我成長的任務，以及

仁慈的上司。

請打開我的雙眼，

讓我識得已經擁有的財富，

以及那些財富之外的事物：

健康的體魄、清醒的頭腦、

我的家人、朋友與所有我認識的人、

我的休閒活動與嗜好，

因為唯有如此，金錢才會主動找到我。

為成功祈禱

親愛的上天，
感謝祢，讓我從事這份有意義的工作。
這份工作讓我快樂。
感謝祢引導我到這個職位上。
感謝祢，讓我在這裡得心應手。
感謝祢，讓我的能力得以發揮在這個工作上，
並能夠自由地施展所長。
請為我的工作賜福；
請為我的成功賜福；
請為我的收入賜福。
請教導我，以祢的旨意執行這份工作。
請讓我為榮耀祢工作，而不是只為了金錢。

請賜予我成功，讓我在工作上得到認同，

因為那是祢認為正確的事。

請讓我免於驕矜、浮誇，

但求祢的光明長照我心。

當然，在過去多年的工作中，我不免也會出錯，並非我所有的努力都能套上成功的光環。有些事情在我年輕時遇到會讓我震驚，但是如今再遇到，我已能泰然處之。俗話說：「多做多錯。」即使我們經常要求自己，想要把每件事都做對、做好，但是先人的經驗卻告訴我們，實務上不見得一切都能如願。因為人的天性本來就不完美：我們會犯錯，也正在做錯某些事。

相比之下，阿拉伯文化就比較能沉著看待「犯錯」這件事，甚至在編織昂貴的地毯時，會刻意打上幾個錯誤的結，因為阿拉伯人說：「神就住在錯誤裡。」因此犯錯也意味著「榮耀神」。雖然這是一個讓人鬆了一口氣的觀點，卻不表示我們可以就此鬆懈，只是，對於那些我們已經盡力、仍然發生的錯誤，何妨以這樣的觀點輕鬆以待？尤其某些第一次做的事情，我們做不好的機率更高，第二次再嘗試，通常成果就會有所改善。想想看，就算小孩在學會跑之前，總不免也要先跌倒幾次。

神就在錯誤中，有錯才能創新

當人的年紀愈大，一旦做錯事，影響的範圍可能也愈大。這樣的情形如果發生在工作上，就可能導致失敗。或許很多人以為成功者不會失敗，但這可是大大的錯誤。完全相反！因為成功前必先經歷失敗，才能者從中學習正確的作法，而成功者就是那些在一次次失敗中重新站起來的人。曾任英國首相的邱吉爾（Winston Churchill，一八七四～一九六五）提過，成功對他來說，不過是從這個失敗到另一個失敗，卻從不失去熱情。

以下是兩篇關於犯錯與失敗的祈禱文：

為我犯錯時祈禱

親愛的上天，

我犯了很嚴重的錯誤。

我為此痛苦不已。

我不知道如何扭轉情勢。

因此，我祈求祢的幫助。

因為祢知道我無法知道的事情，而且

在我軟弱之處，祢有力量。

請讓我學會面對這個錯誤。

因為我知道，祢就在這個錯誤裡面。

祢要經由它將新事物帶到這個世界上，

當我嘗試新事物時，

起先總難免出錯。

請祢寬恕我的過錯。

為失敗祈禱

親愛的上天，
今天我覺得自己
把事情都搞砸了。
無論我做什麼，都沒有達到預期的成效。
請幫幫我。
我需要祢的協助。
請讓我重新相信自己的能力。
也請祢引領我的行為，
請祢經由我行事，
引導我的手

與我的靈魂。

談到工作的議題時，就不能忽略「理想職業」，在我們找到真正帶來成就感的工作前，通常需要等待頗長一段時間。我自己也是在幾次徒勞無功的摸索之後，才找到現在從事的職業。（在這件事情上，我還犯了幾次錯，不然呢？）倘若把我為期兩年的替代役期也算進去的話，我總共試過六份不同的工作，也就是換過六次工作。我曾經是實驗室裡的化學家、在一家大型展覽公司任職、品檢員、環保顧問、行政人員、環保法規評議員，以及勞保事務主管。經歷過這些工作之後，我才成為自由作家，而其中的緣由是這樣的。

我認識貝波兒的時候，也遇到了一群和她一樣身為生活藝術家的朋友，這些人分別是出版人、理療師，或作家。每一個都是從事獨立性工作，並且過著愉快的生活。當時的我卻在每週四十小時的工作中，逐漸變得懦弱、無趣。每到夏日，當我整個下午必須待在辦公室揮汗如雨地工作到下班，貝波兒卻可以和她那群朋友到附近的湖邊玩水幾個小時，這樣的鮮明對比，那時的我看來，確實非常有吸引力。

到了今天，我才知道，必須完成的工作，那些自由工作者還是會努力完成，而且要做的工作，甚至比受僱員工還多。比方說，如果你希望上午在湖邊度過，那麼低溫的夜裡、或是週末，你就必須努力工作，甚至從早忙到晚、通宵達旦；許多受僱員工可以享受的保障，自由工作者連邊都沾不上；再者，公司的僱員，許多方面都受到像母親呵護般的支援，但是自由工作者全都要自己來，無論是處理新合約、建立新的聯絡管道、新客戶、宣傳，保險等等。

如果有這麼多事要忙，為什麼還要當自由工作者呢？即使前面提到的諸多不便，獨立工作帶給我們更多的樂趣，因此，我喜歡我現在的工作。我是自己的主人，而且享受這樣的自由感。如果讓我列表寫下自己真正喜歡的事情，就可以說明我是一個快樂的人。在我從事獨立工作的同時，所有生活上的事情都可以得到妥適的安排。比如，孩子需要我的時候，我可以陪在他們身邊，而這正也是幾年前，讓我決定成為自由工作者的關鍵：我想選擇這樣的生活。

找出工作的快樂練習

如同「祈求新戀情」時，可以先感謝那些已經成為朋友的人；在找理想職業時，你也可以就當前工作上各方面的好處，表達感謝之意。

目前的工作哪些事情讓你樂在其中？

哪些事情真正讓你開心？

工作時，何時讓你覺得真的快樂？

把上面這些問題的答案一一寫下來。這個練習出自我和貝波兒合寫的另一本書：《自愛的奇蹟》（*Das Wunder der Selbstliebe*），但是套用在工作的議題上，很適合用來做為找到理想職業的指引。所以，你最喜歡的工作方式是什麼呢？為自己列出來，然後跟自己目前已經擁有的表達感謝。

以下，是兩則關於「理想職業」和「幸福」的祈禱文：

為找到理想職業祈禱

親愛的上天，

我尋找能完全實現自我理想、
讓我樂在其中，
能充分發揮才能的工作，
已經很長一段時間了。
請指引我找出我的理想職業。
我知道，自己對生活沒有全力以赴；
我也尚未施展出自己所有的才能。
我覺得目前的工作，
無法真正發揮所長。
請以祢的恩典
充盈我內心的這份空虛，
並告訴我存在的意義。
請賜予我勇氣

讓我在工作中充分發揮實力，
並發掘真實的自我。
因為我確定，這也是
我奉祢的旨意來到這世上的目的。

為幸福祈禱

親愛的上天，
請將我從束縛我、限制我的
狹隘思維中釋放出來。
請為我指出，目前為止
我還想不到的新的可能性。
請解救我的靈魂。
請將我從那些讓我不快樂的

桎梏中解救出來。
在你的協助下，我樂意
放手所有原來的批判與不知感恩。
請寬恕我的錯誤想法，
是我不夠好。
請在我心中點亮光明，
好讓我在黑暗中仍能看清真相。
請賜予我喜樂與幸福。

〈幸福悄悄地藏起來〉

幸福悄悄地藏起來，
就是現在、就在這裡招喚我。
長途旅行的終點，
終於發現幸福其實就在我心中。

我卻遠遠地向外追尋
在不少地方，
但我從未在外面遇到它，
卻在我的心跳聲中聽過它。

在內心沉靜的聲響中，

我的幸福宮殿從思考中
悄然冒出，浩然地、
溫柔地被天使包圍。

這裡我才能感到和平，
因為愛純粹地流淌著，
不再有差別的地方，就是
幸福匯聚的所在。

所以曾經讓我遠離幸福的分離，
都在這裡重新聚合，
我的心幫助我識得，
每個人都是自己的星辰。

我的星星在內心燦爛，
與你的星融合在一起，
穿過外在的表象，
我在內心找到自我的本質。

這裡只有安寧。
我愈向內心探求，
我所行的就更容易
與上天的旨意合而為一。

第十二章

為失去祈禱

沒有信仰的祈禱，就不能稱為祈禱。因為不相信上帝是如此良善而仁慈的人，要上帝如何回應他的禱告呢？

——馬丁・路德／德國神學家
（Martin Luther，一四八三～一五四六）

我向上天尋求援助，特別是在人生面臨危機的時刻，因為這時候我最需要祂。如果命運非要我失去一個人，確實會讓我感到絕望。因為這個人對我來說意義重大，儼然已經成為我生命中不可或缺的一部分，如今卻突然因為分離或死亡，要我面對這個人不復存在的事實。於是，失去這個人的同時，我也失去了部分自我。為了取代生命中失去的這部分，就必須重新定義自我。這時，祈禱就能為我帶來莫大的幫助。我在祈禱的時候，我和一個更高層次的能量取得聯繫，並請求祂保護我，同時也讓我有所改變。在信仰當中，我就能找回我自己。

在本章中，我將所有關於「失去」的祈禱文整理在一起。人的一生當中，要不斷地面臨失去我們所愛或珍視的人、事、物的風險，這些人可能是我們的伴侶、朋友、工作，甚至是我們的健康、我們的青春與活力，或者我們的生命。

而我們往往在失去生命中重要的人、事、物的時候，對自己提出疑問：「命運這麼做，真的是為我好嗎？」對於這個問題，我們每個人都有一輩子的時間，找尋問題的答案。其實這個問題的本質，全然就是一個關乎信仰的問題：為什麼上天要讓我們遇上這麼多可怕、痛徹心扉的事？為什麼上天不能在事情發生前，保守我們免於受到苦難？我們每個人不斷地受到檢驗，自己的信仰是否堅定的挑戰。

我大學專攻化學，難免受到科學教育的影響，我首先採取的方法就比較務實取向。我會依循大自然觀察，在季節的輪替中，動物和植物是如何成長又逝去。總是有些什麼來到這個世界上，經歷一段生命，繼而又消逝無蹤。就像一齣戲裡的演員，出現在舞臺上，演繹他的角色之後又步下舞臺，好把舞臺空間留給其他人。

進行科學實驗，也會出現極其類似的現象。我在實驗室裡組建起實驗設備，接著進行實驗，最後得到實驗結果。之後又為了進行其他實驗，必須清除原先布置的那些設備。在我看來，生命就如同在沒有柵欄的狩獵場上進行實驗。在這個實驗中，為了讓我能累積各種不同的經歷、新的經歷，實驗設備也要不斷地變化，即使這些變化經常讓我體驗到痛苦的感受。或許失去也是如此，總是伴隨著改變。就如本章一開頭提出的幾個問題：萬一我失去某些重要的東西，我還剩下什麼？沒有了它，我會是誰？失去之後，我該如何定義自己？

如果我把這樣的思路從頭想到尾想過一遍，那麼在最愛的人和朋友別離之後，失去工作之後、或者逐漸老去之後，生命能量一步步走下坡時，我也能繼續活下去，我依舊會在。而那些我經歷過的每一次失去，都有機會讓我重新定義我自己，並從活著的我的樣貌，重新發現自己。最後確認：對！我是一個丈夫、也是他人的朋友和同事，我還年輕，也很健康。除此之外，我還是什麼呢？如果所有我對自己的定義，也隨著時間流逝消失不見了呢？

外界對我的挑戰，讓我不斷地重新思考自我、給我重新塑造自我的機會。過程當中，我愈來愈瞭解自己。今天的我可以說：**生命只會對我提出那些我能夠堅強面對，同時也有足夠智慧去解決的任務，只有這樣，面對挑戰才有意義**。就這點而言，也是攸關信仰。當我擁有危機處理的能力與工具，我才真正意識到，宇宙給我這些機會，是為了考驗我的能耐。唯有如此，我才能真正發現自己尚未發揮的實力。

宇宙只會交付給你，可以應付的任務

最近我常在想：每個危機都可以幫助我重新發現自己。在困難的挑戰之後，我會變得更聰敏、更成熟、更長進。這樣一想，就會帶給我很多信心，因為我相信，危機過後等待我的，就是另一個更好的生命階段。

新近的科學研究也證實了這樣的說法。愈來愈多的報導指出，許多人在經歷危機或命運的打擊之後，從某些角度來看，甚至變得更堅強了。心理學家稱這種現象為「復原力」（Resilienz），因為我們的韌性和內在積蘊的能量，會在生命面臨窘迫的困境爆發出來。

現在我們就來看看，當生命面臨重大挑戰時如何祈禱。伴侶和朋友的連結，應該是我們可以深入討論的重要人際關係。在這兩種關係裡，讓別人靠近我們的同時，也關心對方，當我們失去生活中的伴侶時，會感到非常痛苦；與故友、親密的朋友失去聯繫，比如對方為了新工作、另一半，必須遷居到遠方，同樣也讓人不好過。

與伴侶分手祈禱

親愛的上天，
請讓我找到，
讓伴侶和平離開的力量。
也請賜予他同樣的力量。
我感謝他，過往
許多美好的體驗，與共度的美好時光。
請協助我度過這段分手的時間，
請盡快讓我的生活回歸常軌。
請教我原諒，伴侶
對我的攻擊，以及帶給我的傷害，
請他也原諒我。
請讓我的心脫離現在的伴侶，

盡快有新的連結，能夠重新去愛人，
也賜予我的伴侶這份自由。
願他也能盡快進入另一段幸福的新關係。
在他新的人生路上，請賜福他，
陪伴他、引領他走上祢想要他走的人生路。
願他能找到幸福。
願他能感受祢的愛，
無論他在何方。

與好朋友告別祈禱

親愛的上天，
我覺得我與這個朋友的良好關係結束了。
過去，我們曾經有很長一段時間為彼此存在。

請讓我用滿是感恩的心回顧過去共度的時光，
並且對他的記憶永存於心。
他曾經是真心的朋友。
他也曾帶給我很多歡樂。
我為此感謝祢。
請在他未來的人生路上賜福他，
讓他找到新的好朋友，
同樣也祝福我，讓我遇到
支持我，也理解我的新朋友。

失去工作也是人生中的重大改變，無論是公司倒閉、被解僱，或是退休。失去工作，都要馬上調整人生步調。這時，我會以下面的方式進行祈禱。

為失去工作祈禱

親愛的上天，
今天是我在這個工作崗位上的最後一天。
長久以來，這裡就像我的另一個家，
照顧了我的家人和我。
我感謝祢，讓我得以這麼長的一段時間，在這裡順利工作。
我也為那些親切又熱心助人的同事感謝祢，
也為那些，
因為這個工作而建立的友誼感謝祢。
請賜福這家公司，
以及繼續在這裡工作的所有人。

我有一個好朋友六十歲前就提早退休，她也利用這個機會轉換到另一個全新的人生跑道。這位朋友過去以建築師為業，如今卻開始在晚間帶領冥想與放鬆課程。她在課堂上與學員分享，過去數十年間，她在不同的訓練活動與研討會上得到的經驗與知識。前來參加的學員愈來愈多，她也從中得到莫大的喜樂。這讓她確認，提早退休是人生送給她的一件大禮物。其實當初讓她提早退休的原因，是因為一次沉痛的人生危機。五十歲前，她多次罹患重病，並一度被醫生宣判沒有工作能力。今天她的健康狀況已經改善了，也樂在人生轉換的新跑道中。

我另一個男性朋友，卻是十足的工作狂。這位朋友是一個自由工作者，已經有很多年沒休過假。某次他在雪地開車，因為滑冰造成了嚴重事故，使得他不得不一下子改變這樣的生活型態。事故當時，他的車撞上一棵大樹，之後幾個星期陷入昏迷狀態，醒來之後又進行了幾個月的復健。朋友自己說，事故之後，他被迫放緩生活步調。過去他的生活像是在超車道上一路衝刺，如今卻是退到好幾個車道之外。現在他經常開在最外面的慢車道，不再像過去一樣總是行駛在超車道上了。

在這段復健期間，他不斷地思索：生命中真正重要的到底是什麼？在他想清楚之後，從此工作就不再是他人生的第一順位。他留下更多的時間陪伴太太和孩子，因此迅速地改善了家人的關係。現在他覺得，他的生活比過去任何時期都還要好。因為那次的事故，讓他用不同的角度看待事情，最終也讓他變成更好的人。

為事故或生病祈禱

親愛的上天，
面對這場考驗，請與我同在。
此刻我的身體虛弱，需要祢的協助。
請以祢的旨意，賜予我
恢復健康的力量。
我為過去多年健康的身體感謝祢，
因為有健康的身體，才得以讓我在這世上活這麼久。
請保佑我的身體盡快恢復健康。

請讓祢的愛及於它，
請以祢的靈強化它。
願祢的愛為它帶來活力。
請讓你的光明照耀它。

關於生病的祈禱文，主要祈求恢復健康。由於這方面的祈禱文已經非常多了，這裡我就不再深入介紹。幾十年前，在比較鄉下的地方，有一種人被稱為「健康祈禱者」（Gesundbeter），這些「健康祈禱者」專門幫人或動物祈求健康。莫妮卡・赫爾茲（Monika Herz）將這些祈禱文收錄在她撰寫的《傳統健康祈禱文》（Alte Heilgebete）一書中[15]。

我年紀愈大，就愈重視健康。既然我們在第十章探討「家庭」的篇章中，寫了一篇為新生兒禱告的祈禱文，本章就不應該缺少為「年華老去」的祈禱。人生中的每個階段各有美好的風景，就像一年四季各有風情。我聽過描寫年輕人和老年人差異最美的名句，出自王爾德，那句話是說：「青春總是虛擲在少年時。」年輕人會浪費青春年華，因為他們面對幾乎無限可能的未來，卻不知道從何著手。然而，隨著歲月增長來到老年，雖然人生經驗的累積，讓我們知道更多的事情，但是擺在我們面前的人生機會，通常不再像年輕那般無窮無盡了。

為年華老去祈禱

雙眼累了，
我漸漸地變老。
倘若我偶爾為此抱怨，
請賜予我智慧。
請賜予我從容與謙遜，
讓我處事合宜。
蒙上天之恩賦予我這段生命，
賜我予豐盈。

我為這段生命感謝祢。
也感謝祢，為未來的每一天
讓我可以在所愛的人包圍下度過。
感謝所有的一切。
謝謝祢。

人變老之後，隨著行動力趨緩，但願我們也更變得更慈祥，就像我們常聽到的「老而彌堅」這句話。疾風暴雨似的年輕歲月已經過去了，步入一定年紀之後，已經不再需要向自己和這個世界證明什麼了。根據我的經驗，大多數的老年人在回顧過往的一生的時候，除了生命中曾經出現的危機與絕望，想到的多半是感謝那些曾經出現在人生中的美好人事物。

在老年階段，我們也有機會與所信仰的上天和平共處。每個讓我們面臨考驗的難題，都是上天知道我們有解決的能力才賜予我們。當我們真正準備好去解決問題，並因此走出危機，就會變得更加茁壯。就我的理解，讓我們面臨考驗，原來是出自上天的善意。因為在危機中，我們有機會重新發現自己。倘若我們能理解，上天想要我們在經歷所有苦痛之後，領略更深層的人生意義，那時我們就能看見黑暗中，引領我們走向宇宙的那道光。

我們每個人都是上天所珍愛的孩子，即使我們受限於俗世的眼界，無法以更高層次的眼光看透生命中的許多事情，但是最終在我們離開這副軀殼、重新成為靈魂之後，都會明白上天的用心良苦。

為人的逝去祈禱

親愛的上天，
請引領這個好人到祢的國度去。
他已經度過充實而富足的一生。
感謝祢讓他得以度過這美好的幾年，
並讓我們與他分享生命中的喜悅。

過去他是一個好父親與被愛的丈夫。
我們以此祈禱文讚美他的一生。
遇到他是許多人的福分，
尤其他的家人。
請讓他的精神經由他的子女繼續留在人間。
請讓他安息。
接納他到祢的國度。

我的每本書都會提到逝去的愛妻貝波兒，尤其是《沒有妳之後的生活》（Weiterleben ohne dich）這本書。貝波兒的辭世，當然是我生命中一次意義重大的失去，然而，就像德國詩人里爾克（Rainer Maria Rilke，一八七五～一九二六）說的：「我活在如年輪般不斷增長的生命中。①」因此，我愈是思考死亡的意義，對死亡就不斷有新的看法。最後我得到的答案，也是我希望在本書中傳達的，就是祈禱。

死亡，絕對是讓我們極其痛苦的重大損失，無論雙親、朋友、所愛的人離世，或是最後輪到自己。即使我們在日常生活中，盡可能將這樣令人痛苦的困境擺在一邊，仍無可否認，人從出生開始，就在為死亡做準備。因此，與其自己想破頭，思考死後何去何從，不妨照著「在死之前，好好地活過」這句話說的去做？

所以，就讓我們活出最精彩的人生吧！與其像一隻遇到蛇的老鼠，被嚇到不知所措待在原地，不如好好地把握活著的機會。生命的樣貌是由我們自己開創！與其紙上談兵思索生命的意義，更應該在日常作為中為自己創造有意義的生命。

祈禱的本意，就是禱告。德蕾莎修女曾說：「我只是電線，而神是電流。」如果的真是那樣，我們卻不願意將插頭放進插座裡面的話，就太可惜了。因為放進插座前，插頭充其量不過是漫無目的擺在那裡的一條電線而已。直到電流，也就是上天的能量，真的流過電線，做為電線的我才能真正活起來。只有到那個時候，我才能成為真正有生命的人。

譯注① 出自里爾克詩集《祈禱書》（Das Stundenbuch）中的〈修士生活之書〉篇（Das Buch vom mönchischen Leben）。

〈無論我的路通往何方〉

無論我的路通往何方，
即使路途崎嶇又遙遠，
我愈望向最終的目的地，
喜樂就愈多。

我的雙腳已經走過漫漫長路，
雙腿滿是疲憊與傷痛，
有時我感到困頓與孤獨，
但總會知道，自己走在一條正確的好路上。

路上有苦痛、有和解，也有分離，
沒有人會在任何一站多做停留；

我卻在過程中認識了自己，
並在我的心中識得祢如耀眼的星辰。

每當我感到懷疑和退縮，
祢這顆星辰就會照亮我看不見的地方，
祢一如既往地支持我的心，
並教我如何找到祢。

祢也教我，苦痛只是意謂著
我內心的珍寶將有所成長，
就像蛇為了蛻變而脫下牠的皮，
祢引領我悄悄地找回自己。

終於，我的路既平坦又明亮，
而祢、星辰，站在我前方不遠處，
我的心奔馳，我的步伐也愈來愈快，
這時祢卻拉出了鏡子。

太陽突然現身在鏡子裡，
我搞不清，到底是祢、還是我在發光，
我的心融化在由衷的喜悅裡，
親愛的，我在祢中找到自己。

附錄

以下，是本書中提及的重要內容，附錄以佳句摘要的方式，再次呈現。

- 以祈禱展開你一天的生活！
- 一天之中的零碎時間，也能進行祈禱。
- 祈禱時，我的心就是通往愛的管道。
- 世界上唯有一個神，只是不同的宗教給予祂不同的稱號。
- 從〈天主經〉最初的起源，可以獲得許多新的解讀。
- 祈禱，就是迎來宇宙的好能量。
- 用心祈禱，我的心就是迎來上天的殿堂。
- 我們沒有理由不祈禱！
- 祈禱，就是去感受，而「去感受」就是「下訂單」。
- 祈禱，就是去感受，而「去感受」就是「下訂單」。

- 寬恕別人，就是寬恕自己，反之亦然。
- 祈禱可以帶來內心的平靜；唯有內心平靜才能進行深刻的祈禱。
- 上天是愛，而愛就是上天。
- 藉由祈禱的方式，將良善帶到我的世界來。
- 宇宙會先實現我內心最高層的願望。
- 為了成為完整的人，應該讓內在的四個元素處於和諧狀態。
- 祈禱遇到新伴侶時，我感謝所有陪在我身邊的朋友。
- 基本上，任何問題都是為我而存在的。
- 自己的孩子出生，有助於與自己的父母和解。
- 以祈禱做為每天工作的起始，如同以祈禱迎接每一天。
- 倘若我愛自己的工作，整個宇宙也會幫助我成功。
- 神，就在錯誤中。因為有錯才能創新。
- 宇宙只會交付給你那些，你能應付的任務。

參考書目

第一章

1 Masuro Emoto: Die Botschaft des Wassers. Burgrain (Koha), 2. Aufl . 2002。

第二章

2 卡爾斯特的韓國佛學禪修中心網址：http://www.hanmaum-zen.de/。

3 狄特・波羅斯授獎頌詞全文：http://stifung-rosenkreuz.org/blog/laudatio-ueber-dieter-broers-zur-verleihung-desmind-award-am-15-november-2015-in-koenigstein/。

4 Neil Douglas-Klotz: Das Vaterunser. Meditationen und Körperübungen zum kosmischen Jesusgebet, München（Knaur MensSana）2007。

5 可於 YouTube 網上找到的阿拉姆語版本〈天主經〉範例：https://www.youtube.com/watch?v=ROM5EpCQUlg&list=RDKejGKjSYD6w&index=2。https://www.youtube.com/watch?v=ciEd-YzlOr0&list=RDKejGKjSYD6w&i

ndex=9。

https://www.youtube.com/watch?v=AaRy7sAgL8o。

https://www.youtube.com/watch?v=J_mFa-B1wys。

第三章

6 「主啊！讓我成為祢成就和平的工具。」見於以下網址：https://www.aphorismen.de/gedicht/7695。該名言於一九一二年，初次發表於已停刊的《諾曼紀念》（*Souvenir Normand*）雜誌，雖然並非出自聖方濟各亞西西之手，但由於是以他的精神寫成，故此處仍提及聖方濟各亞西西，以向他的精神致敬。

7 哈加特・印納亞・克杭所寫的祈禱文《讓祢的願望成為我的渴求》，可於下列 YouTube 網址聆聽：https://www.youtube.com/watch?v=LDxXIJQVqko。文中所列細節選自克杭所寫的長篇祈禱文，該祈禱文全文可見於：https://wahiduddin.net/mv2/say/vadan_ragas.htm。原文中的德文譯本由作者自譯。

8 《邊緣》與其他哈加特・印納亞・克杭的祈禱文作品出自：*The Dance of the Soul: Gayan, Vadan, Nirtan.*（Motilal Banarsidass）2007。*Die Essenz der Sufi-Botschaft.* Weinstadt（Heilbronn Verlag）1996。以下網址亦有相關祈禱文：http://www.sufismus.ch/saum_d.php。

9 Deva Premal: The Essence, CD. Egloff stein（Medial/Silenzio）2000。

10 Gayatri Matra: https。//de.wikipedia.org/wiki/Gayatri_Mantra。書中提及的克里希那穆提詩作的德語譯文，由作者自譯。

第六章

11 更多關於安娜・圖雪，請見以下網址：www.annesongs.de。她的歌曲〈平靜啊，請過來，使我心得安寧〉可於以下 YouTube 網址聆聽：https://www.youtube.com/watch?v=CEmj6eIRodE。

12 *Anne Tusche: Hörst du meine Stimme?* Berlin（Tusche-Steinert-Verlag）2007。

第八章

13 更多關於關於哈加特・印納亞・克杭「元素呼吸法」的論述可參考：www.centrum-universel.com/KIT_D/101.htm，www.centrum-universel.com/KIT_D/102.htm。

第九章

14 *Bärbel Mohr: Der Wunschfänger-Engel.* Freiburg（Nietsch Verlag, Edition Sternenprinz）2004。

第十二章

15 *Monika Herz: Alte Heilgebete.* München（Nymphenburger Verlag）2013。 作者其他作品介紹，含實體書、有聲書、影音光碟與行動裝置應用程式（Apps）等，如下：

- *Die fünf Tore zum Herzen.* Burgrain（Koha）2011
- *Die Kunst der Leichtigkeit.* Berlin（Ullstein）2011
- *Das Wunder der Dankbarkeit.* München（Gräfe und Unzer）2012

- *Das kleine Buch vom Hoppen*. Darmstadt（Schirner）2013
- *Das Wunder der Selbstliebe – Ein Jahresbegleiter auf dem Weg zu deinem Herzen, Tischaufsteller*. München（Gräfe und Unzer）2013
- *Das Wunder der Dankbarkeit, Hörbuch*. Berlin（Argon）2013
- *Verzeih Dir! Die schönsten Meditationen, um Frieden mit sich selbst und anderen zu schließen, Hörbuch*. Berlin（Ullstein）2014
- *Verzeih Dir! Inneren und äußeren Frieden finden mit Hooponopono*. Berlin（Ullstein）2014
- *Weiterleben ohne dich*. München（Nymphenburger）2014
- *Das Wunder der Selbstliebe, DVD*. München（Nymphenburger）2014
- *Mit dem Herzen segnen*. Burgrain（Koha）2014
- *Bestellung nicht angekommen – die größten Irrtümer beim Wünschen*. München（Goldmann）2014

- *Danke für die Lieferung – wie das Universum uns immer aufs Neue beschenkt*, München（Goldmann）2015
- *Die Wunderkraft des Segnens*. München（Nymphenburger）2015
- *Wunschkalender 2017*（mit Pierre Franckh）. Burgrain（Koha）2016
- *In 30 Tagen hoppen lernen*. Bramberg（Lebensraum Verlag）2015
- *App »Hoppen lernen« für das Smartphone*. Rosenheim（Momanda GmbH）2015

曼弗雷德・摩兒詩集

- *Gedichte, die das Herz berühren.* Regensburg（ri-wei）2009
- *Dein Herz hat einen Namen.* Regensburg（ri-wei）2010

貝波兒與曼弗雷德・摩兒的共同著作

- *Fühle mit dem Herzen und du wirst deinem Leben begegnen.* Burgrain（Koha） 2007
- *Cosmic Ordering – die neue Dimension der Realitätsgestaltung.* Burgrain（Koha）2008
- *Bestellungen aus dem Herzen.* Aachen（Omega）2010
- *Das Wunder der Selbstliebe.* München （Gräfe und Unzer）2011
- *Hooponopono – eine Herzenstechnik für Heilung und Vergebung.* Burgrain（Koha）2014

貝波兒・摩兒的著作（節選）

- *Bestellungen beim Universum.* Aachen（Omega）1998

- *Der kosmische Bestellservice.* Aachen（Omega）1999
- *Universum und Co.* Aachen（Omega）2000
- *Reklamationen beim Universum.* Aachen（Omega）2001
- *Jokerkarten für das Bestellen beim Universum.* Aachen（Omega）2004
- *Übungsbuch für Bestellungen beim Universum.* Aachen（Omega）2006

創造正面現實的諮商訓練

作者每年針對「創造正面現實諮商」提供教育訓練。活動的目標對象是那些想要以輕鬆的方式，密集練習與生命和解的人。活動主要經由祈禱、祈福與下訂單，以及夏威夷懺悔儀式「荷歐波諾波諾」組成。為期四週的活動主要探討以下四個主題：

- **自愛的奇蹟：**如何愛自己？
- **成功之道：**金錢、工作與理想職業。
- **實現願望：**向宇宙下訂單的新方法。
- **關係的療癒：**夏威夷懺悔儀式「荷歐波諾波諾」。

詳情請洽：www.manfredmohr.de，關鍵字：研討課程。

HEART
心|視野　心視野系列 019

祈禱，就是接收宇宙能量

Gebete ans Universum: Wie wir Hilfe für die wirklich wichtigen Dinge im Leben erhalten

作　　者	曼弗瑞德・摩爾（Manfred Mohr）
譯　　者	黃慧珍
總 編 輯	何玉美
選 書 人	陳秀娟
主　　編	陳秀娟
封面設計	萬勝安
內文排版	許貴華
出版發行	采實文化事業股份有限公司
行銷企劃	黃文慧・陳詩婷・陳苑如
業務發行	林詩富・張世明・吳淑華・林坤蓉
會計行政	王雅蕙・李韶婉
法律顧問	第一國際法律事務所　余淑杏律師
電子信箱	acme@acmebook.com.tw
采實粉絲團	http://www.facebook.com/acmebook
I S B N	978-986-95256-3-3
定　　價	320 元
初版一刷	2017 年 10 月
劃撥帳號	50148859
劃撥戶名	采實文化事業股份有限公司
	104 台北市中山區建國北路二段 92 號 9 樓
	電話：(02)2518-5198
	傳真：(02)2518-2098

國家圖書館出版品預行編目資料

祈禱，就是接收宇宙能量 / 曼弗瑞德．摩爾 (Manfred Mohr) 作；黃慧珍譯．-- 初版．-- 臺北市：采實文化，2017.10
面；　公分．--（心視野系列；19）
譯自：Gebete ans Universum : Wie wir Hilfe für die wirklich wichtigen Dinge im Leben erhalten
ISBN 978-986-95256-3-3(平裝)
1. 自我實現 2. 祈禱

177.2　　106014313

采實出版集團
ACME PUBLISHING GROUP